电力市场

营销实践

朱年发 等 编著

中国水利水电出版社
www.waterpub.com.cn
·北京·

内 容 提 要

　　本书立足于国网湖北省电力有限公司市场营销工作实际，简要介绍了国网湖北省电力有限公司抄核收、业扩报装与优化营商环境、计量采集、市场需求侧、供电服务、综合能源和电动汽车、农电、用电检查与稽查、购电、电力市场化交易等方面的发展历程，同时基于作者在电费核算、账务管理、回收策略、购电及市场化交易领域的丰富实践成果，所提炼出的实战经验，将有效助力电力营销市场策略的制定与推广。

　　本书可作为电力营销管理者及一线工作人员的参考用书，还可供大中专院校电力市场营销等专业的师生参阅。

图书在版编目（CIP）数据

电力市场营销实践 / 朱年发等编著. -- 北京 ：中国水利水电出版社，2025. 3. -- ISBN 978-7-5226-2899-8

Ⅰ. F426.61

中国国家版本馆CIP数据核字第2024HJ0342号

书　　名	**电力市场营销实践** DIANLI SHICHANG YINGXIAO SHIJIAN
作　　者	朱年发　等 编著
出版发行	中国水利水电出版社 （北京市海淀区玉渊潭南路 1 号 D 座　100038） 网址：www. waterpub. com. cn E - mail：sales@mwr. gov. cn 电话：（010）68545888（营销中心）
经　　售	北京科水图书销售有限公司 电话：（010）68545874、63202643 全国各地新华书店和相关出版物销售网点
排　　版	中国水利水电出版社微机排版中心
印　　刷	天津嘉恒印务有限公司
规　　格	184mm×260mm　16 开本　10.5 印张　223 千字
版　　次	2025 年 3 月第 1 版　2025 年 3 月第 1 次印刷
印　　数	0001—3000 册
定　　价	**58.00 元**

前言

　　随着我国社会经济的发展和电力体制改革的不断深入推进，电力市场营销涵盖的范围不断扩大；发电厂、售电公司、电力用户等市场主体和政府对供电服务满意度要求不断提高，电力营销工作者面对工作挑战和工作压力不断加大，甚至出现工作焦虑和无所适从等困境。作者从事电力市场营销工作20余年，对电力市场营销发展进行了深入且长期的研究，现将研究成果和实践与电力营销工作者进行分享，希望通过阅读电力市场营销发展历程帮助读者梳理电力市场营销各分支专业之间的关联关系，学习典型案例，引导解决工作中遇到的问题，以适应当前日新月异营销工作发展要求，提升"大营销"视野。

　　本书以国网湖北省电力有限公司大事记、系统内外各级文件等资料为基础，结合电力市场营销工作的总结编撰为湖北电力市场营销发展历程简介，管中窥豹、见微知著，旨在供读者了解电力市场营销的重要进程。

　　本书总结了作者从事电力市场营销工作的主要成果，包括论文、课题研究、开发的培训资源、QC成果、工作方案等，并进行了整合，抛砖引玉，以供读者参考，达到互相借鉴、共同提高的目的。

　　全书共分为五章：

　　第一章为概论，包括引言、电力市场营销的重要性、电力市场营销环境分析、电力市场营销的目标及策略，以及电费管理实践、购电管理实践、电力市场化交易实践等作用及策略。同时介绍了营销实践工作中如何思考问题和解决问题。

　　第二章按时间维度简要介绍了国网湖北省电力有限公司电力市场营销抄核收等十个专业的发展历程，展现了行业发展的蓬勃活力。

　　第三章～第五章的内容是对国网湖北省电力有限公司市场营销工作实践成果进行了展示。其中第三章介绍了国网湖北省电力有限公司在两次电费核算、两次电费账务集中及电费回收手段等方面的八个实践经验；第四章介绍了国网湖北省电力有限公司在传统购电和新能源方面的八个服务工作实践，特别对分布式光伏备案、并网、结算、基础管理等方面的工作所做的研究、思考和采取的具体措施；第五章介绍了国网湖北省电力有限公司直接交易方面的思考和研究。

本书主要介绍国网湖北省电力有限公司电力市场营销实践内容，全书涉及国网湖北省电力有限公司称谓的一律简称为"公司"；涉及地市公司的，统一简称为"国网＊＊供电公司"，如"国网黄冈供电公司"。

本书得到国网湖北省电力有限公司以及国网黄冈供电公司领导、同事的大力支持。朱年发同志负责全书大纲、内容提要、前言的撰写，以及资料的收集与整理、统稿等工作，吴燕、吕音谊、朱培源等编写第一章及第二章，凌桐、吕卉、秦建松等编写第三章，刘敏、任化玉、肖颖坤等编写第四章，周婷、李乘风等编写第五章。在此感谢李近、何建、徐丹、张雷、安玉琼、张校铭等领导和同事给予的指导和帮助。

由于时间紧迫，加之作者能力有限，书中难免存在不足之处，敬请广大读者谅解和批评指正。

作者

2025 年 1 月

目录

第一章

概　　论

电力作为现代社会的重要能源支撑，其市场营销活动对于保障能源的合理配置、满足社会经济发展需求以及推动电力行业可持续发展具有至关重要的意义。本章旨在从宏观层面探讨电力市场营销的基本概念、重要性、环境因素以及主要策略，以期为深入理解电力市场营销实践提供全面的理论基础和实践指导。无论是对于政府制定相关能源政策，还是国家电网公司等电力企业开展市场运营活动，都具有重要的参考价值。

一、电力市场营销基本概念

电力市场营销是指电力企业以满足电力用户需求为核心，通过一系列的市场调研、产品设计、价格制定、渠道拓展、促销活动等手段，实现电力产品的交换和价值创造的过程。它不仅仅是简单的电力销售，更是涵盖了从电力生产到终端用户使用全过程的市场经营活动，是发电企业、售电公司、直购电用户和代理购电用户等市场主体的桥梁和纽带，对深化电力市场化改革，促进节能减排和社会经济发展具有十分重要的作用。

二、电力市场营销的重要性

（一）对电力企业的意义

1. 提高市场竞争力

通过有效的市场营销策略，电力企业可以更好地了解用户需求，提供个性化的产品和服务，从而提高用户满意度和忠诚度，进而增强在市场中的竞争力。

2. 优化资源配置

电力市场营销能够引导电力企业根据市场需求合理安排电力生产和供应，优化资源配置，提高电力利用效率，降低生产成本。

3. 增加企业经济效益

通过合理的价格制定、成本控制和市场拓展，电力企业可以实现销售收入的增长和利润的提升，为企业的可持续发展提供资金支持。

（二）对社会经济发展的作用

1. 保障能源供应安全

有效的电力市场营销可以促进电力供需的平衡，确保电力的稳定供应，为社会经济的正常运转提供保障。特别是在经济快速发展和能源需求增长的时期，电力市场营销的重要性更加凸显。

2. 推动产业升级

电力作为重要的生产要素，其市场营销活动可以引导产业结构调整和优化升级。通过鼓励高效节能用电和支持新兴产业发展，促进经济发展方式的转变。

3. 促进社会可持续发展

电力市场营销可以推动清洁能源的开发和利用，减少对传统化石能源的依赖，降低环境污染和碳排放，实现社会经济的可持续发展。同时，通过开展需求侧管理等活动，提高能源利用效率，实现能源资源的节约。

三、电力市场营销的环境分析

（一）宏观环境

1. 政策法规环境

政府制定的一系列能源政策、电力法规和环保政策对电力市场营销产生重要影响。例如，可再生能源配额制、电价补贴政策、碳排放交易制度等，都直接或间接地影响着电力企业的市场行为和营销策略。

2. 经济环境

宏观经济形势、地区经济发展水平、产业结构等因素决定了电力市场的需求规模和结构。经济增长较快的地区通常电力需求旺盛，而不同产业对电力的质量、可靠性和价格等方面也有不同的要求。

3. 社会环境

人口数量、人口结构、居民生活水平和消费观念等社会因素影响着电力市场的消费需求。随着人们生活水平的提高和环保意识的增强，对电力产品的质量和环保性能要求也越来越高。

4. 技术环境

电力技术的不断进步，如智能电网、分布式能源发电、储能技术等，为电力市场营销带来了新的机遇和挑战。这些技术的应用改变了电力生产和消费的方式，也为电力企业提供了更多的产品和服务创新空间。

（二）微观环境

1. 电力用户

电力用户是电力市场营销的核心对象，用户的需求特点、购买行为和满意度等因素直接影响着电力企业的市场份额和经济效益。电力企业需要深入了解用户需求，进行市场细分，提供差异化的产品和服务。

2. 竞争对手

电力市场的竞争日益激烈，除了传统的国有电力企业之间的竞争外，还面临着来自新能源企业、地方电力企业和其他能源供应商的竞争。电力企业需要分析竞争对手的优势和劣势，从而制定相应的竞争策略。

3. 供应商

电力企业的供应商包括发电设备制造商、燃料供应商等。供应商的产品质量、价格和供货稳定性等因素对电力企业的生产和运营成本有重要影响。电力企业需要与供应商建立长期稳定的合作关系，确保供应链的稳定。

四、电力市场营销的目标与策略

（一）目标

1. 满足电力用户需求

以用户为中心，提供安全、可靠、优质、高效的电力产品和服务，满足用户不同层次的需求，提高用户满意度和忠诚度。

2. 实现企业经济效益最大化

在满足用户需求和社会公共利益的前提下，通过优化资源配置、降低成本、合理定价等手段，实现企业经济效益的最大化，保障企业的可持续发展。

3. 促进社会可持续发展

积极响应国家能源战略和环保政策，推动清洁能源的开发和利用，提高能源利用效率，减少环境污染，为推动社会可持续发展作出贡献。

（二）策略

1. 产品策略

（1）电力产品质量提升。加强电力生产和供应的质量管理，确保电力产品的电压、频率、可靠性等指标符合国家标准和用户要求。通过技术改造和设备升级，提高电力生产的效率和稳定性。

（2）产品多样化。根据不同用户的需求特点，研发并提供多样化的电力产品。例如，针对高耗能企业提供定制化的电价套餐和节能服务；为居民用户推出智能用电产品和增值服务，如智能家居控制、电费查询与缴费等。

2．价格策略

（1）成本导向定价。根据电力生产和供应的成本，在加上合理的利润的基础上，确定电力产品的价格。在成本核算时，要充分考虑发电成本、输电成本、配电成本、运营管理成本等因素，确保价格的合理性和科学性。

（2）市场导向定价。根据市场需求和竞争情况，灵活且适时地调整电力价格。在电力市场供大于求时，适当降低价格以刺激需求；在供不应求时，合理提高价格以平衡供需关系。同时，要密切关注竞争对手的价格策略，及时做出相应的调整。

（3）差别定价。根据用户的用电性质、用电量、用电时间等因素，科学实行差别定价。例如，对工业用户和商业用户实行不同的电价政策；对峰谷时段用电实行分时电价，引导用户合理调整用电时间，削峰填谷，提高电力利用效率。

3．渠道策略

（1）直接销售渠道。电力企业通过自己的供电营业厅、客户服务中心等直接面向用户销售电力产品和提供服务。加强直接销售渠道的建设和管理，提高服务质量和效率，为用户提供更加便捷的购电和用电服务。

（2）间接销售渠道。利用电力经销商、代理商等中介机构拓展销售渠道。与中介机构签订合作协议，明确双方的权利和义务，共同开拓市场。同时，要加强对中介机构的监管，确保其合法合规经营。

（3）电子商务渠道。充分利用互联网技术，开展电力电子商务业务。建立电力网上营业厅、手机 App 等电子商务平台，为用户提供在线购电、电费查询、故障报修等一站式服务。通过电子商务渠道，降低营销成本，提高服务效率，进一步拓展市场覆盖范围。

五、电费管理实践在电力市场营销中的重要性及策略

（一）重要性

（1）电费收入是电力企业的主要经济来源，合理的电费管理能够确保电力企业及时、足额地回收电费，保障企业的资金流转和正常运营。

（2）准确的电费计量和核算有助于维护电力市场的公平公正，保障用户和电力企业的合法权益。同时，也为电力企业的成本分析和电价制定提供重要依据。

（3）通过电费管理实践，可以引导用户合理用电，进而提高能源利用效率。例如，实行分时电价、阶梯电价等政策，能够促使用户调整用电行为，减少高峰时段用电，降低电力系统的负荷压力。

（二）策略

1．电费计量与核算管理

（1）采用先进的计量设备和技术，确保电费计量的准确性和可靠性。定期对计量设

备进行检测、校验和维护，及时发现和处理计量故障。

（2）建立完善的电费核算体系，严格按照国家相关规定和企业内部管理制度进行电费核算。加强对电费数据的审核和分析，确保电费核算的准确性和合规性。

2．电费收缴管理

（1）拓展多元化的电费收缴渠道，方便用户缴费。除了传统的银行代收、营业厅缴费外，还可以推广网上缴费、手机缴费、自助缴费终端等新型缴费方式，提高缴费的便捷性和效率。

（2）加强电费收缴的风险管理，建立电费回收预警机制。针对欠费用户及时进行催缴，并采取有效的措施防范电费拖欠风险。对于长期欠费用户，要依法依规进行处理，维护电力市场的正常秩序。

3．电费政策制定与执行

（1）根据国家能源政策和电力市场发展实际情况，科学制定合理的电费政策。例如，适时合理调整分时电价、阶梯电价的时段划分和电价水平，有效引导用户合理用电。

（2）切实加强对电费政策的宣传和解释工作，确保用户充分了解电费政策的内容和目的。着力提高用户对电费政策的认知度和接受度，最大限度减少因电费政策引起的纠纷和投诉。

六、购电管理实践在电力市场营销中的作用及策略

（一）作用

（1）合理的购电管理能够保障电力企业的电力供应，满足用户的用电需求。通过与发电企业签订购电合同，确定购电电量和价格，确保电力企业有稳定的电源供应。

（2）购电管理实践有助于进一步优化电力企业的电源结构，降低购电成本。通过合理选择发电企业和购电方式，增加清洁能源的购电量，减少对高成本发电资源的依赖，提高企业的经济效益。

（3）参与电力市场购电交易，能够提高电力企业的市场竞争力和资源配置能力。通过在电力市场中灵活购电，根据市场价格波动调整购电策略，实现电力资源的优化配置。

（二）策略

1．购电市场分析与预测

（1）密切关注电力市场动态，对购电市场的供需形势、价格走势等进行深入分析和预测。建立科学完善的购电市场分析模型，结合宏观经济形势、能源政策、气候变化等多重因素，为购电决策提供科学依据。

（2）加强与发电企业的沟通和合作，及时了解发电企业的生产计划和电力供应能

力。建立长期稳定的合作关系，确保在电力供应紧张时能够获得优先保障。

2. 购电合同管理

（1）制定科学合理的购电合同条款，明确双方的权利和义务。在合同中约定购电电量、电价、交货时间、质量标准、违约责任等重要内容，确保合同的合法性和有效性。

（2）加强购电合同的执行管理，定期且及时地对合同执行情况进行跟踪、监督和评估。及时处理合同执行过程中出现的问题和纠纷，保障购电合同的顺利履行。

3. 购电成本控制

（1）优化购电结构，合理分配不同电源类型的购电量。在保障电力供应安全的前提下，增加清洁能源和低成本电源的购电量，降低购电成本。

（2）参与电力市场交易，通过市场竞争获取更优惠的购电价格。合理运用电力市场交易规则，制定灵活的购电策略，降低购电成本波动风险。

（3）加强购电成本的核算和分析，建立购电成本控制指标体系。定期对购电成本进行分析和评估，找出成本控制的薄弱环节，采取针对性的措施加以改进。

七、电力市场化交易管理实践的现状与发展趋势

（一）现状

（1）我国电力市场化改革取得了显著成效，电力市场交易体系逐步完善。目前，已经建立了省级电力交易中心和全国电力交易中心，开展了电力中长期交易、现货交易、辅助服务交易等多种交易品种。

（2）电力市场主体不断丰富，发电企业、售电公司、电力用户等市场主体积极参与电力市场交易。市场竞争机制逐步形成，电力价格市场化程度不断提高。

（3）电力市场化交易规则和监管制度不断健全，保障了电力市场交易的公平、公正、公开。政府相关部门进一步加强了对电力市场交易的监管，有效维护了市场秩序和各方合法权益。

（二）发展趋势

1. 市场交易规模将进一步扩大

随着电力市场化改革的深入推进，将有更多的电力用户参与到市场交易中来，市场交易电量将持续增长。同时，电力市场交易品种将不断丰富，交易方式也将更加灵活多样，满足不同市场主体的需求。

2. 清洁能源市场化交易将加速发展

为了实现能源转型和可持续发展目标，清洁能源将在电力市场中占据越来越重要的地位。政府将出台更多的政策支持清洁能源市场化交易，大力鼓励清洁能源发电企业参与市场竞争，提高清洁能源的消纳水平。

3．电力市场与碳市场将逐步融合

随着碳排放交易市场的建立和完善，电力市场与碳市场的联系将日益紧密。电力企业将面临碳排放成本的约束，亟须通过优化电力生产和消费方式，降低碳排放强度。同时，碳市场交易也将为电力企业提供新的盈利空间和市场机遇。

4．智能化技术将在电力市场交易中广泛应用

随着大数据、人工智能、区块链等智能化技术的迅猛发展，它们将为电力市场交易提供更加高效、便捷、安全的技术支持。智能化交易平台将助力实现电力交易的自动化、智能化管理，提高交易效率和市场透明度。

八、电力市场营销实践中的创新与发展

（一）创新理念

1．以用户为中心的创新

电力企业要树立以用户为中心的理念，深入了解用户需求和痛点，通过创新产品和服务，为用户提供更加个性化、便捷化、智能化的用电体验。例如，开展基于用户需求的定制化电力服务，根据用户的用电习惯和设备特点，为用户提供优化用电方案和节能建议。

2．绿色营销的创新

随着环保意识的增强，绿色营销成为电力市场营销的重要趋势。电力企业要积极推广清洁能源，加强对绿色电力产品的宣传和营销，引导用户选择绿色能源，实现电力消费的绿色转型。同时，通过开展绿色公益活动等方式，进一步提升企业的社会形象和品牌价值。

3．数字化营销的创新

利用大数据、人工智能、物联网等数字化技术，创新电力市场营销模式和手段。例如，通过数据分析挖掘用户潜在需求，实现精准营销；利用智能电表和物联网技术，实现对用户用电行为的实时监测和分析，从而为用户提供个性化的能源管理服务。

（二）创新技术应用

1．智能电网技术

智能电网技术的发展为电力市场营销带来了新的机遇。通过智能电网，电力企业可以实现对电力生产、传输、分配和消费的全面监控和管理，大幅提高电力系统的运行效率和可靠性。同时，智能电网还可以为用户提供更多的互动服务，如实时电价查询、远程控制家电设备等，极大地增强用户对电力产品的参与感和体验感。

2．分布式能源技术

分布式能源技术的应用使得电力生产更加贴近用户侧，为电力市场营销提供了新的模式。电力企业可以与分布式能源发电企业合作，共同开展分布式能源的购售电业务和

综合能源服务。例如，为用户提供分布式能源系统的设计、安装、运营和维护等一站式服务，从而实现能源的就地消纳和高效利用。

3. 储能技术

储能技术的发展有助于解决电力供需的时间不平衡问题，提高电力系统的稳定性和灵活性。电力企业可以利用储能技术开展峰谷套利、备用电源等业务，进而为用户提供更加可靠的电力供应。同时，储能技术还可以与新能源发电相结合，提高新能源的消纳率，促进新能源产业的发展。

（三）创新营销策略

1. 社交媒体营销

利用社交媒体平台开展电力市场营销活动，进一步加强与用户的互动和沟通。通过发布有趣、有用的电力知识和信息，吸引用户关注和参与；开展线上互动活动，如问答、抽奖等，增强用户黏性和品牌忠诚度。

2. 内容营销

通过创作优质的内容，如电力行业报告、案例分析、科普文章等，为用户提供有价值的信息和知识。通过内容营销，全面树立电力企业的专业形象和行业权威，提高用户对企业的信任度和认可度。

3. 体验式营销

举办电力体验活动，如智能电网示范项目体验等，让用户亲身感受电力技术的发展和应用。通过体验式营销，切实增强用户对电力产品和服务的感性认识。

九、结论

电力市场营销实践是一个既复杂又系统的工程，对于保障电力供应安全、满足社会经济发展需求、推动电力行业可持续发展均具有重要意义。在当前的市场环境下，电力企业正面临着诸多机遇和挑战，亟须不断创新营销理念、积极应用新技术、全面优化营销策略，以更好地适应市场变化和用户需求。同时，政府也应进一步加强对电力市场的监管和引导，完善相关政策法规，从而为电力市场营销创造更为良好的外部环境。通过政府、企业和社会各方的共同努力，推动电力市场营销实践不断取得新的突破和发展，为实现能源转型和社会可持续发展目标作出积极贡献。

总之，电力市场营销实践需要紧密结合市场环境和用户需求，综合运用多种策略和手段，不断创新和发展。只有这样，电力企业才能在激烈的市场竞争中立于不败之地，真正实现经济效益和社会效益的双赢。

第二章

电力市场营销发展情况简介

电力市场营销在近年来经历了显著的变化与发展。市场格局随着电力体制改革的逐步深入，市场逐步放开，竞争愈发激烈。传统的垄断模式被打破，新的市场主体如售电公司不断涌现，市场结构日益多元化。发电企业之间、售电公司与传统电力企业之间的竞争不断促使各方提升自身竞争力。

营销理念上，正从以产品为中心逐渐向以客户为中心的方向转变。企业更加注重客户需求的挖掘和满足，通过提供个性化的电力解决方案和更加优质的服务来提高客户满意度和忠诚度。例如，为大型工业客户定制专属的用电套餐，兼顾其用电成本和稳定性需求；为居民用户推出智能化用电服务，极大地方便了其查询和管理用电情况。

技术应用已成为推动发展的重要力量。智能电网技术的广泛普及使得电力企业能够实现对电力系统的精细化管理和实时监控，为精准营销提供了数据支持。通过智能电表等设备，企业可以获取用户的详细用电数据，深入分析用户用电习惯，从而制定更有针对性的营销策略。同时，数字化营销手段也不断丰富，借助互联网平台和社交媒体来推广电力产品、加强与客户的互动，这种方式正变得越来越常见。

在产品与服务创新方面，除传统的电力销售之外，企业还拓展了多种增值服务。如能源管理服务，帮助用户优化用电方式，降低能耗成本；分布式能源解决方案，满足用户对清洁能源的需求，同时提高能源利用效率。

政策环境对电力市场营销也产生了深远影响。政府陆续出台的一系列能源政策、环保政策和电价政策等，明确引导着市场走向和企业营销方向。例如，针对可再生能源的支持政策，极大促使企业加大在清洁能源领域的营销力度，有力推动了绿色电力市场的发展。

当前市场营销工作正面临着绿色低碳、市场化、数字化三个方面的转型要求。能源转型方面，随着"双碳"目标的深入推进，新型电力系统加快建设，电网平衡的方式由"源随荷动"逐步向"源网荷储互动"的方式转变，营销工作的内涵也相应地由"电量"

向"电力电量并重"的方向转变。市场化转型方面，随着工商业用户全部进入市场，营销业务的内容由传统"售电"逐步向"购售一体"的方向拓展，电费抄核收等业务操作实施的频度，也由"月清月结"逐步向"日清月结"的方向转变。数字化转型方面，随着营销2.0、采集2.0等软件系统，以及网上国网等App的建设应用，客户服务的模式正在向线上化、智能化的方向演变。这一系列转变、转型，对营业管理、购电管理等专业工作带来广泛、深刻影响，要求组织体系、岗位配置、队伍能力、管理方式等必须加快进行适应性的转型升级。

总体而言，电力市场营销正朝着多元化、智能化、个性化和绿色化的方向不断迈进，以适应市场变化和社会发展的需求，为电力行业的可持续发展注入新的活力。

第一节　营业管理

营业管理在电力企业中占据着至关重要的销售环节地位，它是电力企业经营成果的全面且综合的体现。营业管理工作质量的优劣，一方面紧密关联着电力企业的经营成效，另一方面更是供电企业履行社会职责的关键重要组成部分。营业管理通常涵盖抄表管理、核算管理、电费回收以及电费账务处理、电价管理、供用电合同管理等多个方面。

一、抄表管理

抄表数据的准确性是"核算"与"收费"的关键前提。抄表工作是抄核收流程的首要环节，抄表人员须在规定抄表日期内及时且准确地抄录电能表数据。传统人工抄表存在业务分散、效率低的问题，历经抄表机及采集系统建设阶段，抄表技术得到了迅猛发展。通过严格抄表日程管理，推进购售同期工作，抄表业务逐步实现自动化、智能化管理目标。

公司直供区包括武汉市、黄石市等14个地市（州、林区）及3个省直管市，设14个地市供电公司。随着代管县上划与直管用户增多，用户数量大幅增长。在电力市场发展变化形势下，公司持续优化抄表管理等营业工作，以适应用户需求增长与市场竞争挑战，提升服务质量与运营效率，为地区经济社会发展提供稳定可靠电力保障。

（一）抄表技术的发展

在21世纪初期，抄表机抄表方式逐渐取代传统人工抄表。抄表员利用抄表机下载抄表任务，于现场手工录入数据后再上传至电脑，虽节省了手工记录环节提高了效率，但人工成本并未显著降低，抄表及时性与准确性的提升也有限。

随着计量装置及信息技术的发展，抄表方式逐渐向远程采集演变。2006年，湖北省低压集抄建设在国网鄂州供电公司率先试点，南塔小区率先实现低压用户远程抄表，同年电子表得到全面应用，新型红外线抄表机得到优化，有效减少抄表员工作量并显著提升精准度与效率，但仍需人工现场抄表。

2008年，国网鄂州供电公司低压集抄系统正式上线，凤凰营业所率先实现远程自动抄表。2010年，省、地两级分布式用电信息采集系统全面建成，为营销自动化抄表业务提供了有力支撑（此阶段为半自动化抄表）。

2011年起，智能电能表开始出现并逐步得到应用，2012年全省全面运用用电信息采集系统开展自动化抄表，抄表员可在办公室完成抄表与数据录入。

2013年，国网鄂州供电公司所有电力用户及湖北全省城区电力用户全部实现用电信息采集"全覆盖"，抄表自动化持续推进。2014年推广"六化手段"，深化营销智能化应用，确定采集系统"三全"建设目标，采集成功率与自动化抄表核算率均得到提升。

截至2021年12月，全省总体采集覆盖率达100%，综合采集成功率99.94%，实现"全采集"目标，为自动化核算提供数据保障。

（二）抄表日程管理

2005年，公司发布《抄表日程管理规定》，规范了抄表日程的编排、变更、管理权限和检查考核。要求年初排定抄表日程，不得随意变更，特殊情况需分级审核批准。一般客户每月抄表一次，居民可两月一次，特大客户可多次。月末抄见电量不少于月售电量的70%，零点抄见电量不少于当月电量的30%。年售电量2000万千瓦时以上客户必须零点抄表，500万～2000万千瓦时客户月末后抄表。

2009年，国家电网公司出台《电费抄核收工作规范》，规范了抄表数据记录、周期、例日、段划分、计划制定、现场与远程抄表、数据核校、抄表机管理等。

2012年12月，公司营销部编制"大营销"工作标准、管理标准、作业指导书。

2014年，公司印发《电费抄核收精益化管理实施方案》，要求提升高压客户远程自动抄表实用化水平，提高低压用户采集系统建设覆盖率，实现高压客户远程自动抄表成功率100%，低压客户99%。

2018年10月，公司开展"两抄两考核"工作，即每月两次抄表，分别在例日和月末日24时，考核"两抄"的及时性、准确性。

2019年，国家电网公司发布《电费抄核收管理办法》，规范了抄表管理、周期、例日、段设置、计划制订、采集抄表、现场补抄、现场作业异常处理、抄表质量检查等。

2020年11月，公司统一所有用电客户及电厂抄表时间至月末日24时，以实现售电与购电结算同步。

2021年1月，公司制定《全面规范抄表及电费发行工作方案》，加强抄表管理、抄表质量管理、抄表现场管理。

2021年2月，国家电网公司营销部发布《电费抄核收业务自动化智能化提升工作安排》，要求算费抄表数据自动获取比例不低于99.9％，市场化客户采集抄表成功率99.5％以上。

购售同期实施后，供电量与售电量计算时点一致，避免了随意调整，真实反映线损水平。核算周期压缩至每月5天，保障了营销报表数据及时上报，自动化抄表成功率大幅提升。截至2024年9月，公司低压自动化抄表成功率、高压采集抄表成功率均超额完成了国家电网公司下达的目标任务。

二、核算管理

电费核算处于"抄表"与"收费"之间的关键位置，是电费数据生成以及销售收入确认的核心环节。在其发展过程中，经历了从人工核算逐步向自动化核算的转变，并且核算层级也发生了重要变化，即从供电所、县级公司逐渐向地市级公司进行集中。这一系列的变革和发展，对于优化电费核算流程、提高核算效率和准确性、保障电费数据的可靠性以及推动电力企业财务管理的规范化和科学化都具有极其重要的意义，同时也更好地适应了电力市场不断发展和电力企业运营管理日益精细化的需求。

（一）核算集中

多年以来，传统的分散型管理模式下，供电所推行"小闭环，自运作"的营销方式，这种模式导致电费职能分散，使得营销报表数据在准确性和时效性方面存在不足，业务流程缺乏统一与规范，政策执行的跟踪难度较大，因此电费集中核算成为一种必然趋势。

早在2006年，公司组织研发了抄核收工作质量平台，该平台依托营销信息系统，对抄表、核算以及电费账务等主要32项业务工作质量进行全面的统计、分析与评价。同时建立了涵盖质量监管的组织、评价、考核和管理制度，采用市对县、县对所、所对人的三级管理与考核模式，实施通报、分析、反馈、整改的闭环管理机制，并将月度通报与日常监管相结合，能够将每一项差错精确追溯到每一个具体事件，明确责任到人，极大地促进了公司营业工作质量与效率的显著提升。

2009年2月，为深化公司电费管理中心建设，依据国家电网公司"三个中心"（电费管理中心、电能计量中心、客户服务中心）建设与管理规范要求，推动营销业务向扁平化、专业化管理发展，公司印发《湖北省电力公司关于印发电费集中核算指导意见的通知》（鄂电司营销〔2009〕4号）文件，在全省各供电单位开展以地市供电公司或以县（市）公司为单位的电费集中核算工作。对于地市集中的单位，电费管理中心相应设立电费核算班组；县（市）集中的单位，则设立专门的电费核算班组，并挂靠于县（市）供电公司营销科管理。纳入电费集中核算的业务主要涵盖抄表日程集中管理、集中开展电费计算、应收复核、动态（异动）的审核及业务处理、电费发行（应收提交）抄表、核算相关报表统计等业务。

2009 年，国网黄冈供电公司、国网鄂州供电公司等积极推进电费集中核算工作，率先实现地市公司电费集中核算。2010 年，公司收回营业所电费核算权限和职能，完成所有县公司电费集中核算模式的推广，国网黄冈供电公司等将部分核算业务集中到电费管理中心。

2013 年，按照《国家电网公司关于修订印发"三集五大"体系建设方案的通知》（国家电网体改〔2013〕1326 号），公司统一市县公司营销机构设置和业务管理模式，将直供直管县公司电费核算、发行、账务处理等业务向地（市）公司集中。

2014 年，通过合理配置校核规则，智能化控制核算工作内容和流程，完善核算审核规则，实现"核算集约化"。12 月，湖北全省全面实现地市集中核算。集中核算实现了工作标准与工作流程的统一，达到了减少人员投入、增加效益的目的，精益化"大营销"管理持续推进，经营效益和管理水平不断提升，在提升公司整体运营效率和质量方面发挥了积极且关键的作用。电费差错率从万分之五降低至万分之零点五，电费复核有效率从 5％提高到 20％。

（二）核算智能化发展

2013 年年初，伴随国家电网公司"大营销"体系的深入推进，营销领域的新技术与新业务持续深化应用，营销组织结构和业务模式发生了深刻变革。为摆脱传统模式中因过多人工管理所导致的业务分散、效率低下的状况，充分借助配套业务应用成果，公司启动抄表核算智能化业务应用工作。

2013 年 5 月，国网黄冈供电公司、国网鄂州供电公司、国网武汉供电公司、国网荆州供电公司 4 个单位被选定为首批智能抄核应用的试点单位。智能化电费核算以用电信息采集系统和 SG186 信息系统为基础，以营销各系统数据相互联通为手段，将客户抄表、电费计算、电费复核、电费发行等传统业务环节，通过自动调度任务、队列控制、流程自动传递、作业全过程监控等多种功能有机结合，实现抄表、核算过程的智能化处理。

2013 年 9 月，首批智能抄核应用的试点单位上线运行，同年 10 月，全省智能抄核应用全面上线，核算集约化目标基本实现。

2014 年，公司的智能化抄表核算模式使抄表、核算人员大幅减少近 75％，工作效率提升 3 倍，电费的平均在途时间缩短 4 天，营业差错降低 80％。

2015 年以来，持续完善审核规则，开展校核规则的分析、优化及配置调整，建立并通过自动计算、电量电费层防火墙、黑白名单管理、智能发行的建设，在流程归档前增设电费试算环节等举措，全面推进抄、核、收业务的一体化运作。2016 年，自动化抄表核算率达到 97％。

2020 年 11 月，为提升智能化抄核水平，推动购售电同期管理的有效落实，对抄核工作流程进行如下适应性优化调整：其一，精简高压用户电费发行流程，高压用户电费审核发送后自动发行，省却人工发送电费发行环节；其二，下放复核、审核规则管理权限，各单位依据实际情况与用户特点新增、注销、调整核算规则。审核员核算时间缩减5天，极大地提高了电费核算效率。

2021年2月，为提升电费核算智能化水平，国家电网公司营销部印发《2021年电费抄核收业务自动化智能化提升工作安排的通知》，要求电费计算准确率达到100％，电费自动核算发行比例不低于99％。

智能化抄表核算的推行，提升了工作质量与效率和服务能力，优化了人力资源配置，实现了综合效益的最大化，开创了集约、专业、实时、智能、高效的抄核管理新模式。

三、电费回收

2000—2006年，受经济环境影响，湖北省企业破产改制对电费回收带来巨大不利影响。2007年企业破产改制基本完成，电费回收形势好转。公司加强组织领导，实行电费回收责任制；发扬"三千精神"，确保颗粒归仓；开展收费渠道建设，便利居民交费；全面推行费控，实现事前控制；坚持依法催收，规范经营行为；资金管理全面集中，电费账务精益化、智能化顺利实现。电费风险防范能力迅速增强，2008—2023年，已连续16年实现无呆坏账。

（一）收费保障

1. 责任制建设

2004年，省市公司签订责任书，以期末电费应收账款余额为考核指标，对相关人员风险抵押并按季、年考核，还制定奖励办法；2005年制定考核细则，落实责任制与经营业绩和工资总额挂钩，有"一票否决、重奖重罚"及专项汇报制度；2006年纳入营销同业对标指标考核，省、市两级成立领导小组，一把手负责，签订责任状，有回收目标倒逼和"说清楚"制度；2009年发布联动管理办法，明确多部门职责与流程，落实"分级包保"，建立"周预警、月通报"制度；2014年实行高压一户一策风险防控，为10万户高压用户制定"一户一策"预案，对333户高耗能企业建档跟踪，对高风险行业监控评级，对特定企业集团"一账缴费"。

2. "三千精神"

"三千精神"，即千方百计、千辛万苦、千言万语。自1994年在荆门供电公司首次提出以来，公司系统始终将"三千精神"作为电费回收工作的特有精神指导和座右铭。公司营销干部员工坚持"三千精神"，走街串户、上山下乡、风餐露宿，为回收一度电、一分钱，不畏艰难险阻，克服重重困难，以真诚打动客户，用服务赢得客户，用汗水换回来一分一厘电费资金。

3. 依法催缴

公司紧密围绕全面签订供用电合同、编制风险防范手册、采取担保和电费保理等措施维护公司权益及防范电费风险。2003年公司出台《电费结算周期的有关规定》明确用电大户抄表结算周期并提出分期结算；2007年统一高压供用电合同模板，明确购电制及预付电费结算方式，为预购电和分期预付提供法律保障；2009年开展风险点调研分析，编写《电费风险防范手册》，确定法律依据与防范措施，同年国网鄂州供电公司首创电费抵押担保合同等，2012年9月国网宜昌供电公司开展湖北首项"电费保理"业务，开创电费回收新渠道。

4. 智能费控

智能费控以"先买后用"成为回收电费、防范风险的可靠技术措施。2012年前推行本地费控，对高风险高压客户采用用户侧IC卡购电装置，对居民客户采用IC卡电能表购电，以降低风险。2012年低压"智能电管家"上线，构建服务模式，先以鄂州为试点，后全面启动推广，促进用电消费方式转型，2017年实现多地覆盖，截至2021年年底推广至众多费控用户，为降低公司电费回收风险提供重要保证。2018年推动"智能电管家"向高压、高风险用户延伸，化解欠费风险，建立监控机制，解决用户欠费问题，为降低公司电费回收风险提供重要保障。

5. 风险防范

实行分期结算。2003年公司出台《电费结算周期的有关规定》（鄂电司营销〔2003〕46号），明确用电大户抄表结算周期并首次提出分期结算，将大额电费化整为零以防范风险；2009年对月电量30万千瓦时及以上用户推行电费分期结算和预付费模式，完成率70.53%，同时下发管理办法明确多部门职责与流程，建立风险预警制度，加强电费跟踪，2013年年底高压电费风险可控率及低压离柜缴费率达较高水平；2014年开展"一户一策"预案制定工作，完成10万户高压用户风险防范预案制定，对高耗能企业建档跟踪，对高风险行业监控评级，对特定企业集团"一账缴费"。

（二）交费渠道

2000年以来，公司依托电力营销信息系统，借助现代技术开展渠道建设。从合作代收起步，历经多种尝试，如与银行、电信等合作开通代扣、充值卡缴费等服务，创建电费绿卡村（社区）品牌并不断推广普及，实现储蓄批扣签约率提升及社会化代收率增长。全面开展电子渠道建设，新增多种渠道，到2018年年底开通27种交费渠道，电子渠道缴费户数占比大幅提高。

推进城区"十分钟缴费圈"和农村"村村有缴费点"建设，实现多种代收方式和全天候7×24小时交费服务。2019年"网上国网"App上线后不断运营推广，开展特色活动，提升注册和活跃用户数量，推广"转供电费码"等功能，2021年深化应用并创新功能产品孵化。同时开展电费金融业务，推出多种产品，如企业电费网银、电费金融等，助力企业交费并促进电费回收，取得显著成效，企业网银代收及各电费金融业务的相关数据表现良好。

四、电费账务

2005年以前，公司的电费账务以所、县两级为主体，手工处理，简单、粗放。市级电费管理中心成立为转折性、标志性事件，首次实现了电费资金集约化、精细化，资金安全得到了有效保障。电费账务全省集中是管理质效新的飞跃，电费资金直接归集到中电财账户，实现自动销账、对账、资金自动清分和凭证自动生成，电费账务实现了自动化、智能化。

1. 分散模式

2000—2004年，公司电费账务工作分散管理，供电营业所负责电费回收数据手工统计与上报，电费账户及资金管理分三级设立，营业所手工开票、收费、月底上交转账，县级单位用电科传应收实收月报给财务，因电费资金与报表来源不同、欠收等未准确分列且数据常变，资金归集层次多、时间长，存在资金安全风险。

2. 市级集中

为解决电费资金归集时间长、电费账目不清晰的问题，2004年，国网湖北电力提出建立电费管理中心并在宜昌试点，随后各地市相继成立电费管理中心，实现电费账务地市集中管理，实现电费资金统一集中管理、分类管理及账务统一集中管理。

2008年制定相关管理办法规范退费等工作，清理关联户及撤销"虚拟户"。2015年启动营财一体化建设并在各地市上线，实现业务融合与流程贯通。2017年开展电费专用账户集团化挂接，实现资金自动实时归集。2020年公司作为第二批推广单位启动电费收款"省级集中"准备工作，2021年制定相关文件推进各项工作，撤销地市电费账户，完成渠道迁移及账户开通，清理不明账款，全面完成后制定实施细则明确职责规范运作，实现电费自动销根等功能，地市对账人员减少，资金对账准确率和自动对账率达100%，彻底解决了资金平账差错，降低资金管理风险。

五、电价

2002年5月，中共中央和国务院下发了《关于新时代加快完善社会主义市场经济体制的意见》，社会主义市场经济体制逐步完善，我国电价进入了市场化改革的新阶段。2013年，党的十八届三中全会进一步提出，要使市场在资源配置中起决定性作用，这一阶段电力体制机制的改革也是聚焦"市场化"方向。2015年年底，电力体制改革六大配套文件出台，其中包括了《关于推进输配电价改革的实施意见》，标志着电价改革进入新阶段。

（一）上网电价改革

1. 燃煤上网电价机制

湖北燃煤上网电价改革依国家部署稳步推进，历经"经营期电价""燃煤标杆电价"

"燃煤基准价＋浮动"三阶段，实现从政府定价向市场化定价转变。2004年国家发展改革委出台通知取消"经营期电价"，建立燃煤发电标杆电价政策并明确湖北燃煤发电脱硫标杆电价。同年建立煤电价格联动机制，此后湖北省依此多次调整上网电价，2017年明确现行标杆上网电价并沿用至今未变。2019年国家明确燃煤发电上网电价按"基准价＋上下浮动"形成，2021年因燃煤价格飙升等情况，国家发展改革委扩大燃煤发电上网电价浮动范围，湖北原超标杆电价燃煤机组上网电价也通过市场化方式形成，上网电价机制进一步理顺。

2. 水电上网电价机制

除国家统一调度、计划分配的大型水电外，其他水电上网电价由省级政府制定，其经历从"一厂一价"到新投产水电实行"标杆电价"的转变。2014年前湖北水电执行"一厂一价"，2014年湖北省物价局发文对2月后新投产水电按装机容量和调节性能实行不同标杆上网电价，还提高未单独核价水电站上网电价并取消超发价格政策等。2019年省发展改革委因增值税税率降低而调整装机容量5万千瓦以上在役水电站上网电价，将水电上网电价调整空间作为工商业降电价资金来源，水电稳定电价的保障性作用显著。

3. 可再生能源电价机制

2006年相关法案明确可再生能源发电补贴来源与结算方式，湖北可再生能源电价历经标杆电价、指导电价、平价市场化三阶段以促进新能源产业发展转变。目前新核准风电和太阳能项目执行平价上网政策且部分电量参与市场化交易。

2009—2018年处于标杆电价阶段，风电、光伏项目标杆电价多次调整且退坡，生物质沼气发电项目补贴电价递减。

2019—2021年为指导电价阶段，国家将风电、太阳能、生物质项目标杆上网电价改为指导价，控制建设规模并鼓励竞价等。

2020年相关意见提出全面推行绿证交易并采取多种措施扩大其市场交易规模，2021年起新备案项目实行平价上网，2022年湖北出台电力中长期交易方案，同时补贴退坡下国家鼓励企业出售绿色电力证书。

4. 环保电价机制

我国上网侧环保电价涵盖燃煤电厂脱硫、脱硝、除尘和超低排放电价。2004年出现脱硫机组标杆电价，2007年和2014年国家发展改革委明确燃煤发电企业需安装环保设备并执行相关环保电价政策（脱硫、脱硝、除尘有相应加价），2015年年底对超低排放机组补贴有规定，2019年国家能源局华中监管局明确市场交易电价包含环保电价且由市场化方式进行疏导。

（二）输配电价改革

1. 输配电价定价机制

我国输配电价改革长期目标是在进一步改革电力体制的基础上，将电价划分为上网电价、输电价格、配电价格和终端销售电价；发电、售电价格由市场机制形成，输电、配电价格由政府制定；建立规范、透明的电价管理制度。2015年前采取购销价差方式，之后按"准许成本加合理收益"原则核定输配电准许收入等，将输配电价与上网、销售电价机制相分开。

一是建立"准许成本＋合理收益"输配电价机制，出台相关文件明确成本核定方式等，逐步完善了输配电价定价体系。

二是完成两轮输配电价核价工作，首轮改革试点在深圳启动，湖北等省纳入第二批试点，实现建机制等目标，第二轮改革加强监管，公司适应要求优化经营管理策略，合理扩大准许收入水平，多措并举筹集资金落实降电价政策。

2. 电价市场化改革

2021年10月11日，国家发展改革委印发《关于进一步深化燃煤发电上网电价市场化改革的通知》（发改价格〔2021〕1439号），推动工商业用户进入市场，取消工商业目录销售电价，保持居民等用电价格稳定，要求10千伏及以上用户全部进入市场，暂未直接购电的用户由电网企业代理购电。改革后电网企业盈利模式转为"输配电价"模式，公司积极配合政府完善配套政策，积极落实改革要求以保持经营平稳。

（三）销售电价改革

1. 销售电价的分类

我国销售电价按用电性质、用户承受能力分电压等级制定，随电价市场化改革推进，从政府定价转向市场定价，建立与上网电价联动机制并逐步简化分类。

工商业目录电价取消前分四大类及有趸售电价政策，2013年国家要求归并为三类，2019年湖北实现工商业电价同价。目录电价取消后仅留居民、农业电价，工商业用户电价市场化，公司工商业用户已全部入市，直接交易用户按合同结算，代理购电用户由电网企业按均价传导结算，建立起"能跌能涨"的市场化电价机制。

2. 需求侧管理电价机制

我国需求侧管理电价机制包括峰谷分时电价、阶梯电价等。

（1）峰谷分时电价。1995年我国制定并执行峰谷分时电价政策，此后国家多次出台文件优化完善。2021年国家发展改革委出台通知进一步完善分时电价机制，包括设置尖峰电价、拉大峰谷电价价差等，要求峰谷电价价差原则上不低于3：1。

湖北同年出台新峰谷分时电价政策，拉大尖峰、低谷价差，低谷时段电价为平段基础电价的0.48倍，高峰时段为1.49倍，新设置尖峰时段（20：00—22：00）电价为平段基础电价的1.8倍，调整后峰谷电价价差比例达3.75：1，利于激励用户削峰填谷，提升电网运行效率。

（2）居民阶梯电价。长期以来，我国居民用电价格受国家政策保护而水平较低，不利于居民节约用电，实施阶梯式累进加价电价政策可引导居民合理、节约用电。

2012 年 6 月 30 日，湖北省物价局印发通知建立居民阶梯电价机制，按每月用电量分三档实行分档递增。

2015 年又印发通知将阶梯电价周期由"月"改"年"，明确各档电量及电价，其中第一档为 0～2160 千瓦时，第二档 2161～4800 千瓦时，第三档 4801 千瓦时及以上，同时建立低收入群体用电保障机制，城乡低保、农村五保家庭有 10 千瓦时免费用电基数，电力公司按规定退费。

3. 产业发展调节电价机制

为促进产业转型发展，抑制高耗能用电，政府出台了一系列差别电价政策。

（1）差别电价机制。在 2003—2004 年供电紧张及高耗能产业快速发展背景下，为化解电力供需矛盾与淘汰落后产能，经国务院批准，国家发改委对高耗能行业实行差别电价政策，该政策历经政策出台（2004—2005 年）、完善（2006 年）、调整（2007—2010 年）三个阶段。

2004 年，湖北省以鄂价能交〔2004〕223 号和鄂价能交〔2005〕27 号文件明确省内必须关停及首批、第二批执行差别电价的高能耗企业。2007 年，鄂价能交〔2007〕104 号文发布第三批执行差别电价的高耗能企业名单。2017 年，湖北省物价局、省经信委、省发展改革委联合发布通知，对钢铁企业执行更严格的差别电价政策。

（2）工业阶梯电价。2013 年，国家发展改革委、工业和信息化部印发《关于电解铝企业用电实行阶梯电价政策的通知》（发改价格〔2013〕2530 号），决定对电解铝企业用电实行阶梯电价政策。2021 年，国家发展改革委印发《关于完善电解铝行业阶梯电价政策的通知》（发改价格〔2021〕1239 号），科学地调整了加价办法。

（3）超能耗产品惩罚性电价。2010 年 5 月 12 日，国家发展改革委、国家电监会、国家能源局发布《关于清理对高耗能企业优惠电价等问题的通知》（发改价格〔2010〕978 号），取消高耗能企业优惠电价、制止各地自行出台优惠电价措施、加大差别电价政策实施力度、对超能耗产品实施惩罚性电价、整顿电价秩序、加强监督检查。此后，山东、江苏等全国 21 省份执行惩罚性电价政策。2014 年，湖北在高耗能行业实行阶梯电价政策，落实差别电价、惩罚性电价。

2022 年，国家发展改革委等 12 部门发布《关于印发促进工业经济平稳增长的若干政策的通知》（发改产业〔2022〕273 号），提出整合差别电价、阶梯电价、惩罚性电价等，建立统一的高耗能行业阶梯电价制度。

六、供用电合同管理

供用电合同是供电方与用电方之间，就供电事宜及电费支付所达成的法律协议。该合同内容涵盖供电方式、供电质量、供电时间，用电容量、用电地址、用电性质，计量方式，电价及电费结算方式，以及供用电设施维护责任等关键条款。在《中华人民共和国电力法》实施之前，供电企业与用户通常通过签订《供用电协议》来界定双方在供电与用电方面的权利与义务。自 1998 年起，公司颁布了《供用电合同管理办法》，该办法对供用电合同的格式、签订内容、管理流程、考核标准及奖惩机制进行了明确的规定。

为优化公司供用电合同管理体系，确保供用电合同的签订、执行及管理工作的有效性，提升公司供用电合同管理的标准化水平，2007 年 8 月，公司颁布了《关于印发供用电合同管理办法的通知》（鄂电司营销〔2007〕40 号）。该文件共分为八章四十二条，详细规定了合同管理的基本原则、供用电合同的类别与格式、供用电合同管理部门及其职能、供用电合同的签订与执行、供用电合同的变更与终止、合同纠纷的处理机制、供用电合同的管理流程、合同监督审查与评估等方面的内容。

为了进一步规范和强化《供用电合同》的管理，降低经营风险，国家电网公司于2014 年 8 月颁布了《国家电网公司供用电合同管理细则》[国网（营销/4）393—2014]。该细则明确了制定的法律依据、管理的基本原则、职责的划分、供用电合同的签订流程、供用电合同纠纷的处理程序、检查与评估机制。细则中对书面供用电合同期限进行了明确规定：高压用户合同不超过 5 年，低压用户合同不超过 10 年，临时用户合同不超过 3 年，委托转供电用户合同不超过 4 年。公司随后对细则进行了转发并执行。

为进一步提高办电效率，服务民生，2015 年 12 月，公司依据相关法律规定下发通知完成《居民生活用电合同（示范文本）》（鄂电司营销〔2015〕34 号），规范居民生活用电合同。

2016 年 9 月，国家电网公司下发通知进一步规范供用电合同管理工作，包括修改违约金条款、明确违约金与欠费缴纳冲抵顺序、对供电免责条款进行特别标示，具体为：将违约金条款修改为欠费部分按不同比例计付且有上限，规定用户先缴电费欠费再缴违约金，供电免责条款加黑。

第二节　业扩报装管理与营商环境发展

步入 21 世纪，电力客户的需求已由"供给需求"向"服务需求"拓展延伸。企业自身发展诉求以及社会公共服务职能要求，促使"业扩报装"之专业程度日益提升。公司通过持续探索与自我革新，以更为便捷、高效、规范的服务来满足客户需求，增进客户满意度，提升市场占有率，推动社会经济高速发展。

"获得电力"是衡量营商环境水平的重要标尺。进一步缩减办电时长、简化办电流程、降低办电成本、增强供电可靠性，此乃全面提升"获得电力"服务水平、持续优化营商环境之关键所在。自 2017 年世界银行组织开启对中国营商环境水平的评价以来，公司以提升"获得电力"指标为靶向，开展了一系列专项行动，持续优化营商环境，全面提升办电服务效率，提升供电服务质量与客户体验水平，全面施行"三省三零"服务。

一、业扩报装

业扩报装工作是供电企业与用户建立供用电关系的首要环节。21 世纪初以来，历经从收取"供电贴费"到低压"零费用"，从线下到线上报装，从柜台受理到全业务异地受理，从"e 网通"到掌上电力 App 和 95598 网站办理高低压报装，再到"网上国网"办电 E 助手，实现业务全流程、全天候线上办理。"刷脸办电"业务推广，报装容量与用户数量逐年增长，报装环节与时限缩减，报装费用减免，业扩报装在理念与质效上有根本性转变。

（一）用电报装容量

除 2012 年和 2020 年受经济形势和新型冠状病毒肺炎感染的影响外，业扩报装容量总体逐年上升，报装容量增长从 2007 年的 649.28 万千伏安提高到 3488.19 万千伏安，增长率达 439%。

（二）解决"报装难题"

1. 提升报装质效

自 2005 年 9 月初在全国率先开办网上营业厅实现网上申请用电功能以来，通过一系列举措不断提升报装质效。2010 年相关规范文件的实施使业扩报装工作步入规范化车道，2011 年进一步加强管理解决实际问题。2014 年"e 网通"上线，实现全方位、全过程管控及"三个一"（一个队伍验收，一个标准执行，一次告知到位），设置权限要求并开展线上协同工作，通过生成大量协同计划和对重点用户里程碑项目管理等方式，杜绝体外循环，提升了服务水平和客户满意度。2015 年落实精简手续文件精神，实施"一证受理"及交叉检查等，进一步提升报装效率。2016 年主动走访工商业用户了解需求并发放指南。2017 年开展掌上电力集中运营推进"线上报装"，线上办电率不断提升，2019 年"网上国网"上线实现全流程全天候线上办理，2020 年开展专项整治活动推进"阳光业扩"，2021 年推行"刷脸办电"业务并扩大其涵盖范围。这些举措从多方面入手，不断优化流程、加强管理、创新服务方式，有力地提升了报装质效，为用户提供了更加便捷、高效、优质的报装服务，促进了电力行业的发展和营商环境的优化。

2. "三指定"治理

为规范供电市场秩序、维护用户权益，针对供电企业"三指定"（指定设计单位、施工单位、设备材料供应单位）现象开展专项治理。2010—2011 年，依据国家电监会要求及国家电网公司文件，深入开展治理，清理规范报装文件制度、退还不合理收费，实施专项效能监察，开展集中招标避免"三指定"行为。2012 年全面开展客户委托工程物资集中招标采购以防范。2013—2020 年持续开展清理整顿解决"三指定"等问题。2021

年规范关联交易和工程管理行为，开展专项排查。

通过这些年的一系列举措，从制度清理、效能监察、招标管理、持续整顿及专项排查等多方面入手，有力地推进了"三指定"治理工作，逐步规范供电市场行为，提升供电服务质量，为营造公平、公正、公开的供电市场环境奠定了基础，促进了供电市场的健康有序发展。

3. 新居配

新建居民住宅小区供电配套设施原由开发建设单位建设，物业公司负责供电与承担安全责任，但存在建设标准不统一、质量差、价格高、矛盾突出、资源浪费及维护责任难落实等问题。

为解决这些问题，湖北省自 2010 年 2 月 10 日起试行新建住宅供电配套工程价格政策，2011 年出台相关通知明确配置标准、建设收费标准等，规范了建设行为与维护责任。后随着中央简政放权，"新住配"工程建设价格实行市场调节，相关通知终止执行并出台新文件完全放开价格。

同时，公司为统一标准、保证质量，发布了《新建住宅供配电设施设计规范》和《新建住宅供配电设施验收规范》，从政策调整到规范制定，多方面推动新建住宅供电配套工程的优化与完善，以提升新居配的建设与管理水平，更好地满足居民用电需求和保障供电质量与安全，促进电力供应与住宅建设的协调发展，减少社会矛盾和资源浪费，适应市场变化与行业发展新要求。

4. 业扩配套项目

对于 35 千伏及以下基建、技改项目，全部纳入项目包，采用"打包下达，分批分解"方式管理，新增 110 千伏常规项目则通过应急项目增补方式处理。业务部门确定储备定额和物资种类，物资部门提前招标采购储备，按需领取周转。

2017 年，业扩配套电网工程资金规模达 1.5 亿元，实行特定管理方式，实施规范立项流程，已储备项目众多并确定部分实施项目。同时，按照相关工作部署，动态更新工业园区配网情况，对重点区域重点项目开通"绿色通道"，主动对接相关方，延伸投资界面，建立快速响应机制，以业扩配套项目为抓手，提升电网建设与服务水平，优化资源配置，满足市场需求，助力区域经济发展，在项目管理、资金安排、服务优化等多方面协同推进，为电力供应保障和市场拓展奠定坚实基础。

（三）规范报装收费

自 2003 年起，湖北省在规范报装收费方面不断推进相关工作。省物价局先后发布通知对居民一户一表报装收费进行调整细化，并明确了收费标准及相关要求，如农村用户执行标准及预付费方式的收费规定等。

2004 年起，开始收取高可靠性供电费，且在后续年份不断完善并细化了收费标准。

2015 年起，公司陆续出台多项措施规范电费回收工作，免除了七类涉企服务项目收费以降低用电客户成本。

2016 年进一步明确公司在报装工程及相关设施建设中的出资界面和责任。

2017—2021 年，湖北省通过一系列通知持续降低高可靠性供电费用，取消了多项收费项目，如变电站间隔占用费、临时接电费等，以及供电企业在用电报装中向用户收取的多种类似名目费用。

这些举措旨在规范报装收费行为，减轻企业和用户负担，优化经济环境，促进电力行业健康发展，提升供电服务质量和效率，保障用户合法权益，推动城镇供水供电供气供暖行业持续高质量发展。

二、营商环境建设

以"为美好生活充电，为美丽中国赋能"为使命，公司将社会责任理念融入企业战略与日常运营。报装业务从"阳光报装"到"报装动车组"可视化管理，有绿色通道、报装超市等举措并助力打造标杆。电网投资做"加法"，降价清费做"减法"，从《优化营商环境两年行动计划》"三省三零"服务到精心打造"便利电""省钱电""省时电"和"省心电"，公司致力于提升客户参与度、满意度与获得感，推动服务质量提升与营商环境的优化。

（一）获得电力

根据世界银行 2021 年发布的《全球营商环境报告》，中国"获得电力"指数提升至全球第 14 位，对提升中国营商环境排名起到了重要作用。公司"以客户需求为导向，以客户满意为目标"开展报装提质增效工作，客户获得感不断提升。

1. 获得电力提升前期

2012 年分级开展重点报装项目督导，跟踪 1000 千伏安及以上报装项目，清理卡口问题，实现报装服务时限达标率 100%，报装接电拉动电量增长。

2013 年开展"业扩报装动车组"活动，修订细则与制定办法，开发应用管控系统，对重点项目跟踪督办，坚持客户经理服务模式，开通"绿色通道"，确保报装环节时限提速，推广"时限告知卡"并实行可视化管理。

2014 年实施相关意见，通过多种举措化解报装难题，明确手续简化等内容，印制宣传折页，精简申请资料，高压客户平均接电时间有所减少，压缩报装环节。

2015 年持续优化流程，实施"三化"工程，推广"一站式服务"等，推出典型设计，建立快速通道，高压用户接电时间得到压缩，低压居民实现"1+1"模式。

2016 年实施新方案，建立园区"绿色通道"，落实配套项目包，推广"一证受理"等。

这一系列举措逐步推进了获得电力服务的优化与提升，为后续工作奠定了基础，在报装项目管理、流程优化、服务创新等方面不断探索与改进，以提高办电效率和服务质量,满足用户需求,促进电力市场的发展。

2. 获得电力提升攻坚战

自 2017 年优化营商环境正式提出后,国家电网公司及湖北省相关部门在获得电力提升方面展开了一系列攻坚战。2017 年国家电网公司印发管理规则,要求构建适应市场和客户的业扩报装服务模式。

2018 年围绕"三压减、二加强、一提高"(压减流程环节、接电时间、客户办电成本,加强创新服务、监督监察,提高供电可靠性)重点工作,公司组织参与"获得电力"评测准备,将业扩配套项目纳入管控平台实现透明化,推进容量开放与客户快速办电,且未出现因电网公司责任而影响营商环境的问题。

2019 年取消部分环节与审查要求,压减用电报装环节,省政府出台通知重构审批流程并大幅压缩时限,公司制订两年行动计划提出多项措施,促请政府部门发文优化营商环境,高、低压客户平均办电时间进一步压减,业扩报装结存容量下降。

2020 年贯彻决策部署实施"两年行动计划"和"阳光业扩"服务,打造"便利电""省钱电""省时电"和"省心电",通过全面实施办电"321"(指高压办电压减为申请受理、方案答复、外线施工及验收接电 3 个环节,低压办电压减为申请受理、办理接电 2 个环节,对符合电力直接接入条件且无工程的小微企业提供低压用电 1 天极简报装服务)服务、"零证办电"等举措提升便利度;推行低压"零费用"、落实降价政策等打造"省钱电";组建服务指挥中心、推行联合报装等创新服务打造"省时电";精益配网管理、实施可靠性方案等打造"省心电",并推动武汉成为标杆城市。

2021 年开展"深化创新年"活动,清理规范收费,治理"三指定"问题,对小微企业实行"三零"服务,实现大中型企业"三省"服务全覆盖。

从制度建设、流程优化、服务创新、政策落实等全方位提升获得电力服务水平,为企业和居民提供更加优质、高效、便捷的电力服务,助力营商环境持续优化和经济社会发展。

(二)零费用

自 2018 年起,公司在推进"零费用"接入方面持续发力。2018 年实施相关细则,确定报装容量在 100 千伏安及以下项目以低压方式"零费用"接入,武汉市小微企业低压接入容量有特殊规定放宽。明确产权分界点电源侧供电设施由供电公司出资建设。

2019 年提高低压接入容量标准至 100 千瓦,武汉、襄阳、宜昌市区内进一步放宽至 160 千瓦,全面落实低压"零费用"并逐步推行高压电网企业投资至客户红线,实施相关通知后累计为众多低压客户免费接电。

2020 年兑现服务承诺,众多小微企业和低压居民客户实现"零费用"接入。

2021 年进一步深化服务,实现全省城区 160 千瓦及以下小微企业报装"零费用"接入,众多用户享受零费用接入红利。

公司不断扩大"零费用"接入的范围和受益群体，降低了企业和居民的用电报装成本，提升了电力服务的质量和效率，为优化营商环境、促进经济社会发展提供了有力支持，体现了公司以客户为中心、服务社会的责任担当。

（三）转改直

自 2018 年起，依据相关文件要求，湖北省积极开展转改直工作。全面清理规范转供电环节违规加价及不执行电价政策行为，要求供电企业主动服务具备一户一表改造条件的终端用户实现直接供电。

2019 年持续配合政府清理转供电主体加价，各地市均取得一定成效。

2020 年"转供电费码"上线，为政府精准核查电价提供技术支撑，且相关部门发文要求推广使用。

2021 年梳理全省转供电主体，发布工作指导意见，明确不同类型用户直供电改造意见，并以汉川市工业园为试点推进改造工作，全年完成大量终端用户"转改直"，并进行了经验总结。

公司逐步规范转供电环节价格行为，降低终端用户用电成本，保障政策红利惠及用户，推动电力市场健康有序发展，优化营商环境，提升供电服务质量和效率，为企业和居民提供更加公平合理的用电环境。

第三节　计量采集管理

电能计量作为电力营销的关键构成部分，在 2002—2021 年这一时期，伴随市场经济体制的逐步确立以及电力体制改革的不断深化，公司的电能计量管理体系历经了政企计量职能划分、三级（省、市、县）量传体系构建以及"大计量"集中管理格局形成这三个阶段，与之相应的，计量器具、检定方式、资产管理以及设备运行管理等方面也因应新的市场需求而产生了变化。

在这 20 年的历程中，计量器具朝着智能化方向发展，电能表从仅具备单一计费功能的机械式、电子式电能表，演变为集计量、通信等多种功能于一体的智能电能表，从而强化了客户对用电的感知度；计量检定迈向自动化，计量器具的检定方式从地市分布式的半自动化检定转变为省级集中的自动化流水线检定，这极大地提升了电能表的检定效率；资产管理趋于集约化，将资产管理从对重要环节的管控拓展到对全过程的规范管理，构建起针对采购、到货、检定、配送、安装、验收、运行、回退以及报废的全过程闭环监管模式；设备运行管理实现实时化，设备运行管理从"固定周期检定"调整为"实时失准更换"，能够实时评估电能表的运行误差，防止电能表长期处于带病运行状态。与此同时，用电信息采集系统也在这一期间逐步建设完成，历经 12 年达成了对湖北省用户的"全覆盖、全采集、全费控",并且为营销业务的信息化应用提供了有力支撑。

一、计量器具的智能化及自动化检定

电能表是用以测量电能量的仪表。自 2002 年开始,电子式电能表逐渐取代机械式电能表,而 2009 年智能电能表的全面推广,则意味着电能表从单一的计费仪表转变成为智能化、系统化、模块化的系统终端设备。电能表作为应实施强制检定的计量器具,其检定装置也伴随大规模集成电路的发展而发生变化,从传统的电度表校验台转变为程控式电能表检定装置,进而变革为自动化、智能化的集中检定系统。

(一)电子式电能表的应用及检定

电子式电能表具备使用寿命长、功耗低的特点,还具有一定的防窃电功能。公司自 2002 年开始应用普通电子式电能表,对于分时段计量的用户,逐步采用全电子多功能电能表。

随着计算机系统在电力计量领域的广泛普及,公司从 2002 年起普遍应用程控式电能表检定装置,该装置适用于对电子式电能表的检定。

(二)"上进下出"电能表的研制

公司为了致力于整治窃电现象严重的区域,在 2008 年组织进行防窃电新结构电能表的相关研究,设计出"上进下出"型式的电能表。此电能表采用密封的表计壳体以及双回路计量方式,从结构层面防范通过短接电流回路进行窃电的行为,同时便于安装接线以及检查工作的开展。截至当年年底,该电能表经检定后安装的数量达 6.58 万只,此项研究获得了两项实用新型专利。

(三)智能电能表的推广

智能电能表由测量单元、数据处理单元、通信单元等部分构成,具备电能量计量、数据处理、实时监测、自动控制、信息交互等多项功能。2009 年,依据国家电网公司的统一安排,公司开启对统一技术标准的智能电能表、低压电流互感器等电能计量器具的推广应用,并在 2012—2015 年期间全面加速推广。截至 2021 年年底,完成了湖北省非智能电能表的清理工作,投入运行的智能电能表数量达到 2872.3 万只。

新一代智能电能表的试点应用情况。近些年来,随着电能表国际建议(IR46)在国内的落地施行,基于 IR46 研发的新一代智能电能表采用双芯设计模式,着重拓展电能表的非计量功能,以支撑泛在电力物联网的建设。2021 年,公司在国网咸宁供电公司开展该表的试点应用,旨在验证其与电网系统的兼容性。

(四)自动化检定系统的建设与优化

统一技术标准与规格的电能计量器具的应用,为自动化、智能化的集中检定奠定了基础。

"四线一库一平台"（即单相电能表、三相电能表、低压电流互感器检定流水线以及用电信息采集终端检测流水线、智能仓库、计量生产调度平台）建设完成并投入运营。2015年，公司完成"四线一库一平台"的一期建设工程，2016年又完成了二期建设。建成的单相电能表检定流水线有2条，年检定能力达300万只；三相电能表检定流水线同样为2条，年检定能力为40万只，其中1条三相电能表检定流水线采用多功能设计，能够检测采集终端，年检测能力为5万只；低压互感器检定流水线1条，年检定能力为20万只。智能立体仓库占地面积1700平方米，通高4层，可储存电能表100万只。

获得检定授权。2016年，公司取得"专项计量授权证书"，获得单相电能表、三相电能表与低压电流互感器的检定授权。计量业务由此进入"整体式授权、自动化检定、智能化仓储、物流化配送"的全新阶段。2017年，又获得标准电能表、标准互感器的检定授权。至此，公司达成法定计量授权业务的全面覆盖。

强检监管新方案颁布。2018年，公司联合湖北省质量技术监督局推出《湖北省电能计量器具强检监管技术方案》。采用综合监督管理模式，针对标准、环境、人员、检定能力和结果监督等诸多方面，对计量器具集中检定实施全过程监督管理，相较于传统复核检定方式更为全面、科学、严谨，大幅降低复核检定比例，提高了湖北省电能计量器具检定配送的效率。

自动化检定系统的改造与优化。2019年，公司积极推进自动化检定系统面向对象协议（即DL/T 698通信协议）的改造以及通信模块自动化检测系统的建设，增强对DL/T 698通信协议电能表的检定能力，助力HPLC通信单元的应用推广。同年，该系统顺利通过国家电网公司的实用化验收，被评为"先进级"。2021年，启动自动化检定系统兼容性升级改造，以支持新一代智能电能表、模组化终端及DBI型电流互感器等计量设备的自动化检定检测；开展新型计量设备自动化检测技术的研究应用；进行智能电能表抽样性能自动化试验平台的标准化设计与应用，提升与现场运行故障关联的深度检测能力；融合应用流水线在线核查、智能巡检与诊断技术，实现流水线运行状态的实时监测与主动运维管理。

二、电能计量资产管理

电能计量资产涵盖电能表、互感器、用电信息采集终端等。公司在电能计量资产管理方面经历了从人工操作到信息化管理、从纸质卡片记录到电子化存储、从分散粗放模式向集约精益模式的转变。在这一过程中，公司通过持续创新管理机制、梳理业务流程、控制成本支出、优化系统结构以及强化计量监管等举措，实现了计量器具投资的节约和人工成本的降低，有力确保了管理的规范性和可靠性。

（一）基础管理与库房建设

公司在电能计量资产管理领域积极开展课题研究、强化动态管理，并推行库房标准化建设，从而为实施计量资产全寿命周期管理奠定了坚实基础。

主导国家电网公司计量器具条码编码课题研究。2007 年，公司作为项目负责单位承担国家电网公司"计量器具条码编码"课题，深入研究并制定了符合国家电网公司系统电能计量器具管理需求的条形码编码规则、使用规定等技术规范。

加强计量设备全过程动态管理。2008 年，印发《电能计量器具质量跟踪管理办法》（鄂电司营销〔2008〕28 号）等管理文件，强化了对计量器具在抽样样品、批量供货、现场运行等环节的质量跟踪，达成了对安装式电能表、互感器等设备从选型、抽检、检定、配送、安装、验收、运行、回退到报废处理的全过程动态管理。2009 年，出台《电能计量评级考核办法（试行）》（鄂电司营销〔2009〕11 号），开展计量设备和管理评级工作，为制订改造计划提供了有力依据。

开展电能计量库房标准化建设。2010 年，公司推进电能计量库房标准化建设，明确市、县、所三级库房建设的总体目标和实施步骤，确定库房管理的标准化流程。制定"三分"（分库、分区、分类）计量库房建设标准，建成市级标准化计量库房 12 个。2015 年，为深化计量物资集约化管理，公司推进计量二级库房标准化建设，开展实地调研，形成《计量资产库房现状汇报及二级库房智能化建设规划方案》。截至 2018 年，完成二、三级表库可视化建设，推动智能计量周转柜信息化应用，提升了基层单位库房管理的智能化水平。

（二）计量资产全寿命周期管理

MDS 系统运行情况。2014 年，计量生产调度平台系统（简称 MDS 系统）开始投入试运行，其对计量设备的采购、验收、检定、仓储、配送全流程进行监控调度，协调控制自动检定流水线与智能化仓储系统，达成对计量资产信息的有效监控和高效调度。2017 年，公司作为牵头单位完成国家电网公司"计量生产调度平台生产计划智能管理研究及应用"课题的研究与试点应用，实现了需求的实时评估，生产计划的自动编制、动态仿真、科学评价，以及计划执行情况的跟踪与监控，改善了需求报送的准确率和及时率，提升了计划管理的效率。

实施计量资产全寿命周期管理。依照《国家电网公司计量资产全寿命周期管理办法》（国家电网企管〔2014〕1082 号）的要求，公司自 2014 年起借助 MDS 系统、营销业务应用系统、用电信息采集系统，从采购到货、设备验收、检定检测、仓储配送、设备安装、运行、拆除、资产报废处理等八个关键管理环节对计量资产实施全寿命周期管理。

开展计量器具条码管理标准化研究和应用。2016 年，为推动计量资产全寿命周期管理，减少计量资产的闲置浪费，公司开展"计量器具条码管理标准化作业"课题的研究与应用，为计量器具条形码管理提供可供参考的范例、模板、流程和工具表单，规范各级相关人员的职责、业务流程、规章制度、管理标准。

拆回智能电能表省级集中分拣工作。2009 年，公司首次开展居民电能表资产置换工作，当年置换电能表 92.3 万只，置换回退率达 86％。同年，首次对拆旧电能表进行止码核对和资产登记，并定期逐级回退。2018 年，试点开展拆回智能电能表省级集中分拣，推进拆旧检测合格电能表的再利用；建立电能表故障库，有效提升智能电能表拆回、报废处理等薄弱环节的管理质量。截至 2018 年年底，完成 20.3 万只智能电能表拆回分拣检测，计量资产全寿命周期管理规范率达 99.30％（国家电网公司年度考核值为 98.80％），同比上升 0.49％，持续保持在国家电网公司 A 段水平。

（三）计量资产精益化管理提升

计量资产全寿命周期管理实施之后，公司开展计量资产全省调配工作，并实施计量资产精益管理三年行动计划，以此助力计量资产精益化管理持续得到提升。

开展计量设备全省调配。2019 年，公司为推进营销计量设备多维精益管理体系变革，下发《关于印发计量设备全省调配指导意见的通知》（鄂电司营销〔2019〕41 号），遵循"简化会计科目、搭建管理维度、贯通业财链路"的原则，首次达成计量设备跨地市跨项目调配。2020 年，为引导全省计量设备调配工作有序开展，下发《关于进一步规范计量资产全省调配业务流程的通知》（鄂电司营销〔2020〕32 号），梳理调配流程，明确管理职责，建立调配机制，实现全省集中调配工作的规范化、专业化以及高效化运转。截至年底，实现计量设备全省调配 36.57 万只，最大限度地保障了计量设备运维和故障抢修用表的需求。

实施计量资产精益管理三年行动计划。2020 年，按照国家电网公司的统一部署，开展计量资产精益化运营三年行动，制定"一库一案"库存清理方案，优先利用高库龄设备，采用"横向调拨、纵向回收"（即二、三级库房同级调拨，省级库房回收冗余资产）的方式，实现库存快速压降，确保库龄超过 2 年的高库龄设备清零，使各级库存数量处于合理水平。建立健全"先进先出、按需补库"的管控机制，开展库存常态化管控，避免库存积压，提高库存周转效率。截至 2021 年，湖北省计量资产账实相符率达 98.08％（国家电网公司年度考核值为 95％），可用库存率压降至 2.15％（国家电网公司年度考核值为 5％），累计压减高库龄设备 82509 只。

三、用电信息采集系统建设与应用

用电信息采集系统（简称用采系统）在智能电网中占据着重要地位，同时也是智能用电服务环节的技术基石。2003 年，公司积极对集中抄表系统的建设展开探索，为用采系统的构建提供了技术方面的储备以及可参考的经验。从 2009—2021 年，依据国家电网公司的统一规划，公司在用采系统的建设过程中，先后经历了"12＋1"分布式部署、"一集中两覆盖"直至用电信息采集"全覆盖、全采集、全费控"（简称"三全"）的阶段，逐步塑造出"全载波采集""三合一监测"等具有湖北特色的建设模式，达成了电能数据自动采集、用电监测、负荷管理、线损分析等功能，实现了自动抄表、错峰用电、用电检查分析以及负荷预测等目标。

（一）用电信息采集系统建设

1. "12＋1"分布式部署

"12＋1"分布式部署模式为：12个地市公司各自构建用采系统主站，公司本部则建设1座监控主站，借助内部光纤骨干网来达成数据的交互。

2009年，公司以"电力负荷管理系统＋低压集中抄表系统"为基础，选取武汉城区的12万户开展用采系统试点工作。2010年，公司开启"12＋1"分布式部署的用采系统建设，同时推进智能电能表及采集终端的安装工作，完成了8个地市专变信息以及3个地市城区低压信息的采集全覆盖。2013年，鄂州市成为全国范围内首家实现全域用电信息采集全覆盖的地级市。

2. 实现"一集中两覆盖"

"一集中两覆盖"是公司在用电信息采集系统建设过程中的重要阶段性目标。2014年，为全面提升系统综合性能、降低主站运维工作量及外部交互复杂度，公司按照"三集中"（数据集中、业务集中、采集集中）思路实施省级用采系统主站建设。同年11月，湖北省所有投运的专变终端和集中器接入该主站，从而实现了"一集中两覆盖"，即实现用采系统主站省级集中，以及专变用户和台区公变用电信息采集全覆盖。这一目标的达成具有重要意义，标志着湖北省远程自动抄表用户突破1000万户，系统用户日均采集成功率达96.5%，省级用采系统建设初具规模。

同时也推动公司逐步形成"三级监控、四级运维"采集业务支撑体系，贯穿"省—市—县—所"四个层级，实现"自上而下、逐级消缺"的运维模式，取代原各地市独立运维模式，为用电信息采集系统的高效运行和持续发展奠定了坚实基础。

3. "全覆盖、全采集、全费控"建设

"全覆盖、全采集、全费控"建设是公司在用电信息采集系统领域历经近十年不懈努力取得的卓越成果。自2009年起至2021年，公司持续推进用采系统的建设与完善。在2019年，成功实现这一具有重要意义的建设目标，意味着用采系统已基本建成，能够覆盖公司的全部用户，对全部用电信息进行采集，并支持全面的电费控制。

在这一建设历程中，公司用采系统累计接入各类终端达49万余台，规模不断扩大。截至2021年，其覆盖各类用户超过2800万户，日均采集成功率更是高达99.94%，充分展示了系统的高效性和稳定性。这一成果不仅提升了公司对用电信息的掌控能力，为电费管理提供了有力支持，还为智能电网的发展和智能用电服务的优化奠定了坚实基础，推动了电力行业的数字化、智能化进程，对提高电力运营效率和服务质量具有深远影响。

（二）用电信息采集系统应用

2015—2021 年期间，公司在大力推进用采系统"全覆盖、全采集、全费控"（"三全"）建设的进程中，同步开展了一系列系统优化工作，包括"2014 版主站功能标设"开发、统一接口平台、主站性能在线监测以及"2017 版主站功能标设"开发等，全面提升了系统稳定运行水平和数据可靠采集能力，进而逐步拓展实现了自动化抄表、用电监测、电费催缴、"多表合一"采集、计量在线监测及线损分析等实用化功能。

在"多表合一"采集方面，2015 年公司积极响应政府号召，依托用采系统终端和信道资源，全力投入"多表合一"采集建设应用。截至 2020 年，已成功实现 664 万户"多表合一"的接入，并建成 14 个国家电网公司级别示范区，有力推动了湖北省电、水、热、气各类表计的统一抄收和管理，达成跨行业用能信息资源共享，为智慧城市建设提供了全面支撑。

计量装置在线监测领域，2016 年公司依据国家电网公司发布的智能诊断模型并结合自身现状，优化完善用采系统模型算法，将 29 类计量异常纳入常态化监测，借助系统运维闭环模块实现发现、分析、处理全流程管控，使计量故障处置时间大幅缩短 80%。截至 2017 年，累计发现计量装置故障 1366 次，窃电行为 10813 次，成功挽回经济损失达 3666.15 万元。

台区线损治理工作中，2020 年公司优化升级用采系统软件，提高台区线损统计所需数据的采集入库速率，为日线损监控和高损台区压降奠定了坚实技术基础，全年累计压降超高损、高损台区 12086 个，压降率达 70.9%。2021 年，公司整合用采系统各类分析模型，构建台区异常综合分析诊断模型库，推行"一台区一指标"管理，创建 10 个国家电网公司百强县和 32 个国家电网公司百强所，促使全省台区线损率降至 3.57%（国家电网公司年度考核值 4.09%）。

公司的用电信息采集系统在不断发展和完善的过程中，通过多种应用功能的拓展和优化，在能源综合管理、计量精准监测以及台区线损治理等方面取得了显著成效，为电力行业的高效运营和社会的智能化发展做出了积极贡献。

四、电能计量装置运行管理

电能计量装置是供用电双方进行电力贸易结算的计量工具，电能计量装置运行管理是保证电能准确计量的重要工作。公司按照 DL/T 448《电能计量装置技术管理规程》要求，强化关口计量管理，建立运行电能表质量跟踪监测机制，不断提升电能计量装置运行质量，践行公司电能计量"公平、公开、公正"的社会责任。

（一）关口计量装置管理提升

湖北电网作为华中电网的中心枢纽，其跨省关口计量点数量在华中电网中占比达 70% 以上，具有至关重要的地位。自 2002 年起，按照国家电网公司统一要求，公司首次开展关口计量装置校验工作，并取得了装置校验率和调前合格率均达 100％的优异成绩。

在后续的管理提升过程中，2009 年公司完成了对湖北电网贸易结算关口计量装置的全面普查，并基于此制订了为期三年的改造实施计划，累计落实专项改造资金 1705 万元，详细安排了 43 组电流互感器、72 组电压互感器以及 600 只电能表的改造计划，为关口计量装置的优化升级提供了有力的资金支持和具体的实施规划。

2010 年，公司进一步出台了《湖北省电力公司电能量关口计量管理办法》（鄂电司发展〔2010〕301 号），从多个方面规范了关口计量装置管理。明确管理职责和责任追溯，确保每一个环节都有专人负责，出现问题可精准追溯；强化设计验收环节，从源头保障装置的质量和准确性；加强装置巡视工作，及时发现并解决潜在问题；实行分级管理，提高管理的针对性和效率；推行标准化作业，保证工作的规范性和一致性；执行工作交接与签字确认制度，强化工作流程的严谨性和可追溯性。通过这一系列措施，公司的关口计量装置管理得到了显著提升，为湖北电网的稳定运行和准确计量提供了坚实保障，也为华中电网的整体发展奠定了良好基础。

（二）关口现场校准管理及"会校制"

关口计量点涵盖了发电公司与电网经营企业间、不同电网经营企业间、电网经营企业与其所属供电企业间、不同供电企业间的电量交换点以及供电企业内部用于经济技术指标分析考核的电量计量点等多种类型。在电能计量装置检测方面实行属地化管理，2013 年，随着"三集五大"（人力资源、财务、物资集约化管理，大规划、大建设、大运行、大检修、大营销体系）体系建设和换流站属地化管理要求的推进，华中区域诸多关口电能计量装置划归公司管理。

为保障跨区跨省计量装置的健康运行以及关口电量计量的公正准确，2014 年推行了跨区跨省计量关口现场校准"会校制"。这一制度以关口所在省（市）计量中心为主，对侧省（市）计量中心参加，共同开展检测和校验，检测结果经双方认可后分别出具检测报告。通过召开跨省计量关口工作会议，在华中分部交易中心统一协调下，形成了华中五省一市协调机制，制定出更加科学的检验方案，有效提升了跨区跨省计量关口现场校准的管理水平。

而在 2020 年，针对跨省交易关口管理中流程不畅的问题，又参与编制了《国网华中分部计量关口管理办法》，进一步规范了跨省计量关口管理流程，提升了联动水平，使得关口现场校准管理及"会校制"在不断完善中更好地发挥作用，为跨区跨省的电量计量工作提供了坚实保障，促进了电力交易的公平公正和电网的稳定运行。

（三）运行电能表质量检验

2002—2021 年这一时间段内，湖北省运行电能表的数量呈现出显著增长态势，近乎增长了 4 倍，从 2002 年的 598.1 万只攀升至 2021 年的 2872.3 万只。为了切实有效地监控设备质量，确保运行电能表能够实现精准计量，公司针对运行电能表的质量管控方式经历了从定向质量评级到常态化质量抽检的逐步推广过程。

2008年，在运行设备质量评级方面，公司对湖北省供电区域内最重要的Ⅰ类用户计量装置进行了规范核查，全面梳理了基础信息以及运行电能表、互感器和标准装置的故障情况，此举极大地提高了计量改造项目的针对性。同年，响应"计量专项监督活动"号召，公司完成了国家电网公司下达的960只运行电能表质量抽检任务，同时加强了运行计量装置的基础资料管理，有效提升了设备健康水平。2011年，公司又按照批次对2692只运行智能电能表进行抽检和质量跟踪分析，为后期智能电能表的推广应用提供了重要的决策依据。

随着居民用电日益成为社会关注的焦点，2014年，公司参照DL/T 448规程，首次对运行满1年、3年、5年、7年及以上的电能表开展运行质量抽检，61个批次的电能表样品合格率达到了100%。此后，每年都常态化地开展运行电能表抽检工作，有力地防范了运行电能表的质量风险，为保障电力计量的准确性和可靠性、维护电力市场的公平公正以及满足社会对电力服务质量的需求提供了坚实支撑。

（四）智能电能表状态评价及更换

随着电能表制造技术与质量水平的不断进步，传统"一刀切"式的电能表到期轮换方式显现出诸多弊端，如带来旧表拆卸处理、新表购置安装等繁重工作，耗费大量人力物力成本，同时也不利于节能降耗。随着智能电能表的大规模推广应用以及用电信息采集系统信息化实用化水平的提升，公司创新性地提出"在线监测、状态评价、失准更换"的新思路，以更为科学的方式探寻电能表轮换方式。

2019年，公司积极落实国家市场监督管理总局《关于开展智能电能表状态评价及更换试点的批复》（国市监计量函〔2019〕52号），在国家级自由贸易试验区开展智能电能表状态评价试点工作。这一举措加强了智能电能表质量监督管理，提升了其综合利用效益，为技术模型迭代升级以及技术法规制定提供了有力支撑，为后续工作的顺利推进奠定了坚实基础。

2020年，公司开展智能电能表状态评价普适性验证，选取10个台区共774只电能表全量拆回至实验室进行技术检验，进一步验证了在线监测评价模型的适用范围，为该模式的推广应用提供了更可靠的数据支持。

2021年，公司与湖北省市场监督管理局、湖北省计量测试技术研究院展开合作，积极推动出台JJF（鄂）85—2021《运行智能电能表校准规范》地方计量技术规范。这一规范为智能电能表状态评价与更换提供了法规依据和技术支撑，标志着公司在探索电能表轮换方式上迈出了重要步伐，实现了电能表监管方式从"定期检定"向"全程监控"的创新转变，为电力行业的智能化发展和精细化管理提供了有益借鉴，也为提高能源利用效率和保障电力计量的准确性、可靠性作出了积极贡献。

第四节 市场需求侧管理

公司电力需求侧管理发展分为管理雏形初具、制度逐步规范、迅速发展变革三阶段。20世纪90年代起步，初具雏形，以行政手段为主，未形成与政府、用户的协调机制。21世纪第一个十年逐步规范，国家鼓励综合手段开展工作，公司出台办法，用户需求管理从被动到主动、从无形到有形、从经验到科学、从局部到系统，制度渐规范。2011年以来迅速发展变革，管理手段丰富，从单靠非市场化到市场化与非市场化协同，从"节约用电、有序用电"发展为"需求响应优先、有序用电保底、节约用电助力"，更好地适应了市场需求和能源管理的新形势，推动了电力行业与用户之间的良性互动，为电力资源的优化配置和可持续利用提供了有力支撑，也为经济社会的稳定发展和能源转型奠定了坚实基础。

电力需求侧管理雏形初具。20世纪90年代，随着电力供应的相对充足，电力需求侧管理引入国内。供电管理理念转变，从强调减少电能消费到重视提效节能。1996年公司开展宣传普及工作，为其初步发展奠基，此时虽处早期以宣传为主，但迈出电力需求侧管理探索与实践的重要第一步。

电力需求侧管理制度逐步规范。2000年12月29日具有重要意义，国家经济贸易委员会、国家发展计划委员会印发《节约用电管理办法》（国经贸资源〔2000〕1256号），首次将电力需求侧管理纳入中国用电管理法规，涵盖总则、管理、电力需求侧管理、技术进步、奖惩等内容。2005年，公司积极推动，促请湖北省发展改革委印发《湖北省电力需求侧管理实施办法（暂行）》，使湖北拥有了自己的地方性规章。2009年，公司进一步制订了湖北电力《有序用电管理办法》，梳理方案，争取社会理解支持，保障居民生活和重要用户用电需求，利用需求侧管理措施确保迎峰度夏、度冬电力供需平衡，同年公司获国家电网公司市场开拓工作先进单位称号，其有序用电管理经验入选同业对标典型经验库，这些举措不断完善和规范了电力需求侧管理制度，促进了电力行业的有序发展和资源的合理利用。

电力需求侧管理迅速发展变革。2014年，公司编制考核工作计划，完善节能服务体系并建成需求侧管理平台，为后续工作奠定基础。2017年和2018年，连续印发通知，按照"属地负责、平台运作、技术支撑"要求细化任务、落实责任、强化督导，确保工作有序推进。2020年和2021年，面对复杂形势下全国电力供需偏紧，电力需求侧管理地位提升，公司凭借科学合理的措施，使湖北成为少数未限电省份之一。2021年，贯彻国家电网会议精神，首次按"需求响应优先、有序用电保底、节约用电助力"原则，配合政府细化执行方案，提升应急能力，坚守民生用电底线，充分展现了公司在电力需求侧管理变革中的积极作为和重要贡献，推动了电力需求侧管理不断适应新形势、实现新发展。

一、有序用电

有序用电是电力需求侧管理中缓解供需矛盾的重要手段，通过行政干预依法控制部分用电需求以维护供用电秩序。在电力供应不足或突发事件等情况下实施，目的是确保电网负荷高峰及发电能力不足时民生用电、公共服务及重要用户用电。

2001—2011 年，经济增长带动电力需求逐年递增，多数年份电力供大于求，仅在天气、缺水、电煤供应不足等特殊情况导致供电形势趋紧时，有序用电成为需求侧管理主要手段，采取错用电、避峰用电、拉闸限电等措施。如 2003 年，面对缺水、煤炭紧张及高温天气，公司超前制订方案，加强需求侧管理，实现"限电不拉闸"，湖北成为少数未拉大闸省份；2006 年电力需求创新高，通过需求侧管理组织企业错峰、避峰；2008 年电煤供应不足致限电，需求侧管理措施在限电占比较大。

2009—2014 年，公司不断建立和完善有序用电制度。2009 年制订《有序用电管理办法》，2012 年修订印发并完善方案编制，2014 年建成需求侧管理平台，具备多项功能，提升公共服务及数据采集报送能力。

2012—2016 年，因社会电力供需形势好转未执行有序用电。2017—2019 年，受恶劣天气影响，部分地区连续三年执行有序用电措施。总体而言，有序用电在不同时期根据电力供需情况发挥着重要作用，是保障电力稳定供应和合理分配的关键举措，公司也在不断完善相关制度和措施以适应不同形势需求。

有序用电，是电力需求侧管理过程中通过行政化的手段来缓解供需矛盾。有序用电是指在电力供应不足、突发事件等情况下，通过行政干预，依法控制部分用电需求，维护供用电秩序平稳的一项管理工作。实施有序用电是为确保电网负荷高峰、发电能力不足时，保障民生用电、公共服务及重要用户用电。

二、需求响应

需求响应作为电力需求侧管理领域中通过市场化手段来有效缓解供需矛盾的创新举措，于 2006 年由美国能源部首次正式提出，简称为 DR。其核心要义在于，当电力市场价格出现显著升高或降低，或者系统安全可靠性面临风险之际，电力用户能够依据价格信号或者激励措施，灵活地改变自身的用电行为，减少或增加用电量，从而有力地促进电力供需趋向平衡状态，切实保障电网稳定可靠运行。通过这种方式，能够以新增较少的装机容量助力实现系统的电力供需平衡目标，进而达成社会效益最大化、各方收益均衡以及最低成本能源服务的理想效果。

在中国，需求响应的研究与实践工作起步相对较晚。2014 年，国家电网公司率先尝试在上海开展需求响应试点工作。而公司开展需求响应的时间更晚一些，于 2020 年才开始着手相关研究，并在 2021 年首次付诸实施。

随着 2020 年 9 月中国"3060"双碳目标的郑重提出，为电力需求响应工作的蓬勃发展带来了前所未有的历史机遇。公司积极响应，及时印发了《湖北省电力需求响应工作两年行动计划（2020—2021 年）》。在此期间，公司全力以赴推进各项工作，截至 2021 年 12 月，已成功实现不少于最大负荷 5% 的需求响应能力。同时，湖北省级智慧能源服务平台也取得了显著成果，完成了省级智慧能源服务平台需求响应业务功能的全面上线，能够承载需求响应业务的全流程操作，并且各地市的可调节负荷资源全部顺利接入。

在 2020 年和 2021 年，公司积极投身于需求响应政策的深入研究以及相关汇报工作，为湖北省需求响应政策的成功出台起到了至关重要的推动作用。公司精心启动了"基于湖北省气候特点的季节性负荷需求响应机制研究""需求侧响应管理课题研究"等项目，紧密结合湖北省电力负荷的特点及变化趋势，从政策引领、组织管理以及技术应用等多个维度进行全面、细致的分析研究。在研究过程中，不仅精准地分析测算了资金投入以及预期成效，还提出了下阶段工作的路径规划和实施建议，同时全面总结分析了其他省份在需求响应方面的政策及先进经验，为湖北省的需求响应工作提供了丰富的参考和有价值的借鉴。

2021 年 6 月，公司成功推动湖北省政府发布《湖北省电力需求响应实施方案（试行）》（鄂能源调度〔2021〕35 号）。11 月，省能源局同意批复并正式发布《湖北省电力需求响应实施方案》（鄂能源调度〔2021〕58 号）。公司紧紧抓住政策调整的契机，常态化督导地市积极推进需求响应用户签约和有效资源梳理摸排工作。截至 2021 年 12 月月底，全省已有 2619 家用户签订需求响应协议，签约可调节负荷高达 455.6 万千瓦，成绩斐然。

2021 年，公司首次实施需求响应工作便取得了显著成效。7 月，湖北迎峰度夏期间电网负荷三次刷新历史新高，达到 4343 万千瓦的峰值。面对这一严峻形势，公司果断实施需求响应 5 次，其中武汉凤关双回执行 4 次，荆州监利洪湖执行 1 次。在这一过程中，共应约 87 户次，累计压减负荷 6.39 万千瓦，有力地保障了电网的安全稳定运行，充分彰显了需求响应在电力管理中的重要地位和卓越成效，为电力供需平衡和电网稳定运行提供了全新的、行之有效的途径和宝贵的实践经验，也为未来电力行业的可持续健康发展奠定了坚实基础。

三、节约用电

节约用电在电力需求侧管理中占据重要地位，它是对经济社会发展影响最小的电力供需调节举措，能协同实现"助保供、提效率、降成本"，还是需求响应和有序用电的前置手段。电网企业作为重要实施主体，肩负着推动社会科学用电、节约用电的重任，在能效管理方面优势独特。2011 年以前，公司重点开展社会节电工作，致力于在全社会范围内推广节约用电理念和措施，提升社会整体的用电效率。而 2011 年之后，公司在持续推进社会节电的同时，积极采取行动促进自身节电，从内部管理和运营等方面入手，优化用电流程，采用节能技术和设备，降低自身的电力消耗，以此为全社会树立榜样，进一步强化节约用电的实践效果，推动电力需求侧管理向更加高效、科学的方向发展，为保障电力供应稳定、提高能源利用效率以及降低社会用电成本做出积极贡献。

（一）开展社会节电

自 2000 年 12 月国家经济贸易委员会、国家发展计划委员会发布《节约用电管理办法》（国经贸资源〔2000〕1256 号），对节约用电的管理、技术进步以及奖惩措施做出明确规定以来，公司积极响应政策号召，以高度的社会责任感，在社会节电领域持续发力，开展了一系列卓有成效的工作。

面对时常出现的社会电力供应紧张局面，公司勇挑重担，多次通过多种渠道向社会发出节约用电的呼吁。针对企业、社会机关、居民等不同群体的特点和需求，精心策划并组织了各类形式多样的节约用电培训宣传活动。例如，在 2006 年，公司工作会报告着重强调必须加强需求侧管理，大力发展节能型经济，旨在降低社会的电力弹性系数，为推进节约型社会建设贡献力量。这一举措不仅体现了公司对能源可持续发展的深刻认识，更彰显了其在社会经济发展中的责任担当。

2009 年 12 月，公司召开了一场意义重大的迎峰度冬新闻通气会，特别邀请了新华社、人民日报、湖北日报、湖北电视台、湖北广播电视台、长江日报等 12 家颇具影响力的社会媒体参加会议。通过媒体的传播力量，将节约用电的理念和紧迫性传递给更广泛的社会大众，进一步提高了公众对节约用电的关注度和重视程度。

2016—2018 年，公司加大了工作力度，共组织开展各类宣传培训活动高达 133 次，累计覆盖人数达到 4486 人次。在此过程中，公司积极与各类用能用户进行深入沟通与紧密合作，全面了解各地区经济社会发展的独特特征、企业的类型、性质、技术水平以及用能状况与实际需求。并且专业人员深入现场开展能效测评和节能诊断工作，为用户提供针对性的节能建议和解决方案，以此开拓综合能源市场，推动全社会能源利用效率的提升。

2020 年，公司积极组织对重要用户进行走访。工作人员在走访过程中，不仅积极宣传电网供需形势，让用户清晰了解电力供应的实际情况，还深入摸清其用电规律特性，根据每个用户的具体情况，专业指导其在迎峰度冬大负荷期间合理错避峰、节约用电，实现了个性化的服务与精准的用电管理指导。

2021 年，公司严格按照《全省节约用电专项行动方案》的要求，精心策划并开展了节约用电宣传周活动。通过"节电知识入百校"活动，将节电知识带入校园，培养青少年的节约用电意识，让节能理念在下一代心中生根发芽；通过"节电服务结千企"活动，为众多企业提供专业的节电服务和技术支持，帮助企业降低用电成本，提高经济效益和能源利用效率；通过"节电宣传进万家"活动，深入社区向居民普及节电常识和生活中的节电小窍门，倡导广大学校、企业、居民养成节电、低碳的生活方式，取得了良好的社会效应，在全社会范围内掀起了一股节约用电的热潮，为电力需求侧管理中的节约用电工作树立了典范，有力地促进了社会对电力资源的合理利用和能源节约意识的全面提升，为构建资源节约型社会奠定了坚实基础。

（二）开展自身节电

国家发展改革委 2011 年印发通知对电网企业实施电力需求侧管理目标责任考核，要求电网企业完成特定的节约电力电量指标。在此背景下，公司积极行动，开展多种形式的节约电力电量服务。2011 年成立湖北常青源电力节能服务有限公司作为实施主体，并于 2018 年发展为国网湖北综合能源服务有限公司。

公司严格遵循国家政策及社会需求，将电力电量节约指标纳入重要管理体系，包括同业对标管理和企业负责人年度业绩考核关键指标体系，使其贯穿生产经营各环节。从 2012 年至今，公司持续发力，均全面完成国家电网公司下达的节电指标，展现出在自身节电工作方面的高度重视和有效执行，为电力需求侧管理中的自身节电实践做出了积极贡献，也为行业内其他企业树立了良好的榜样，推动了整个电力行业在节约能源方面的积极探索和不断进步。

四、电力负荷管理

电力负荷管理作为电力需求侧管理的必要手段，具有至关重要的作用。其旨在实现负荷资源的统一管理、调控与服务，以保障安全可靠供电和电网安全运行，全力支撑有序用电下的负荷精准控制以及常态化的需求侧管理工作。2004 年，公司依据政府及国家电网公司文件精神，针对大用户开展用电侧负荷控制，大力推广负控装置，这一举措在保障电网安全和民生用电方面发挥了显著作用。而到了 2010 年，公司结合营销战略与需求侧管理目标，统筹兼顾电力营销及需求侧管理的技术进步和管理创新，精心设计研发了具备负荷控制功能的采集专变终端，并随后开启大规模用电信息采集系统建设，为在电力供需紧张条件下有效进行需求侧管理奠定了坚实基础，不断推动电力负荷管理工作向更加科学、高效的方向发展，提升电力需求侧管理的整体水平和效能。

（一）用电负控装置

2004 年，随着国家发展改革委、电监会发布相关指导意见以及国家电网公司制定相应规范和管理办法，为电力负荷管理系统的建设与运行明确了具体要求，同时湖北省政府印发的实施办法也进一步规定了省内特定容量电力用户应接入电力负荷管理系统，这一系列文件为公司负控装置的安装推广提供了有力的政策支撑。

2004—2008 年，公司的用电侧负荷控制聚焦于大用户，主要依托系统主站下达控制指令，由安装在大用户专用变压器侧的采集终端执行任务，通过断开负荷侧开关来实现对用电负荷的控制。2004 年，湖北全省电力供应紧张，在严峻的缺电形势下，公司积极实施需求侧管理，大力推广负控装置，使得全省可控负荷达到 41.50 万千瓦，有效缓解了电力供应压力，保障了电网的稳定运行和电力的合理分配，彰显了负控装置在电力需求侧管理中的重要作用以及公司在应对电力供应紧张局势时的积极作为和有效举措。

（二）采集专变终端

采集专变终端在电力需求侧管理的历程中扮演着举足轻重的角色，其发展与应用见证了电力行业在应对不同时期挑战时的积极探索与有效实践。

2008 年，全国电力供需形势遭遇严峻挑战，冰冻灾害与电煤供应紧张双重压力下，全国众多省级电网局部地区和时段出现电力紧张甚至拉限电状况。在此背景下，国家电网公司于 2009 年及时印发《关于加快用电信息采集系统建设的意见》，公司迅速行动，按照要求全面统筹电力营销和需求侧管理的迫切需要，全力加快系统升级步伐，开启用电信息采集系统的建设征程。通过这一举措，积极开展电力负荷控制应用，并精心建立起相应的软硬件基础条件，为后续工作的顺利开展筑牢根基。

2010 年，公司在技术创新方面取得重大突破，成功设计研发了具有负荷控制功能的Ⅰ、Ⅱ、Ⅲ型终端。紧接着，大规模采集专变终端的安装工作紧锣密鼓地展开，这一行动具有里程碑意义，为实现常态化的负荷监测和精准控制奠定了坚实基础。随着工作的深入推进，到 2012 年公司实现了专变覆盖率 100％的卓越成绩，2013 年监测负荷达到最大负荷的 76％，可控负荷达到 13.17％，这些数据充分展示了采集专变终端在电力负荷管理方面所取得的显著成效，以及对电力资源合理调配和高效利用的有力推动。

进入"十三五"时期，电力消费增长超出预期，电力供需形势迎来新的变化格局。《电力需求侧管理办法（修订版）》适时提出明确要求，电网企业需借助电力负荷管理系统开展负荷监测和控制，其中负荷监测能力要达到经营区域内最大用电负荷的 70％以上，负荷控制能力达到 10％以上。公司积极顺应政策导向，依托采集专变终端等技术手段，持续优化电力需求侧管理工作。

2020 年，面对复杂多变的电力供需形势，公司积极开展供需形势分析预测，常态化跟踪电网供用电情况。通过对 1.2 万户规模企业和 14.5 万户全量高压客户进行复工复产用电监测分析，犹如为电力需求走势绘制了精准的"晴雨表"，从而能够准确把握电力需求的动态变化，为科学决策提供了有力依据。

2021 年秋冬季，中国出现了范围广、规模大、时间长的罕见电力供需紧张局面，有序用电面临巨大压力。在这场严峻的考验中，公司充分运用电力负荷管理系统，依托采集专变终端持续进行负荷监测，凭借其精准的数据采集和实时监控能力，为打赢电力保供遭遇战发挥了至关重要的作用，助力湖北成为全国 4 个没有限电的省份之一，突显了采集专变终端在保障电力供应稳定、维护社会经济正常运转以及促进电力需求侧管理科学高效发展方面的不可替代的重要价值和关键地位，为电力行业在应对特殊时期挑战提供了宝贵经验和成功范例。

第五节　供电服务管理

2003年电力体制"厂网分开"改革后，湖北电网企业转变为售电商。秉持"人民电业为人民"宗旨，树立"四个服务"观念，倡导"你用电，我用心"理念，供电服务实现多方面转变。从被动变主动，主动了解用户需求；从窗口服务拓展为全员服务，构建全方位服务网络；从规范服务转向差异服务，满足多样需求；从单一产品服务变为全业务综合服务，涵盖多方面内容。通过这些转变，湖北电网供电服务不断创新、跨越，提升了市场掌控与全局把握能力，实现电网企业与用电客户和谐共赢，为湖北经济社会发展提供有力电力支撑，推动行业与社会共同进步。

一、供电营业厅

供电营业厅是供电公司服务客户、展现形象的前端窗口及满足用电需求的重要平台。其建设历经从规范化、标准化到"三型一化"的转型升级。"三型"为智能型、市场型、体验型，智能型通过先进技术和设备提供便捷服务；市场型注重市场需求与反馈；体验型打造舒适环境与互动体验。"一化"是线上线下一体化。公司重视营业窗口建设，不断优化功能与服务，以满足需求、提升满意度、塑造品牌形象，在电力服务中作用关键。

（一）服务窗口规范化建设

1. 营业网点标识统一

2002—2003年，公司开启了营业网点规范化建设的重要举措，下发全省营业网点标识并进行统一制作。将营业网点标识明确分为强制性标识和选择性标识两类，由此引导营业窗口逐步走上规范化建设与管理的道路。随后，在2004年、2005年，依据国家电网公司相关标准，如《城市供电营业规范化服务窗口标准》《城市供电营业规范化服务示范窗口标准》《农村供电营业规范化服务窗口标准》等，国网湖北电力公司于2006年进一步下发《湖北省电力公司关于加强供电营业窗口规范化服务建设的通知》及制定《城市供电营业规范化服务窗口建设指导意见》。在这一过程中，不仅统一了营销人员服装和编码，还对窗口Ⅵ标识进行更换改造，全面统一服务形象。通过这一系列的行动，实现了从标识到人员形象等多方面的统一规范，为提升供电营业窗口的服务质量和标准化水平奠定了坚实基础，使得营业网点在规范化建设的道路上迈出了坚实而有力的步伐，也为客户提供更加规范、专业、统一的服务体验创造了良好条件，彰显了公司在加强营业网点管理和提升服务品质方面的积极努力和坚定决心。

2. 服务人员星级评定

2007 年，公司积极推进服务质量提升举措，印发了《湖北省电力公司营销窗口服务人员星级评定办法（试行）》，并在 2008 年进一步完善，印发《关于营销窗口服务人员星级评定办法（修订）的通知》。通过开展营销窗口服务人员星级评定活动，按批次评选供电营业规范化服务窗口，为服务提升工作开辟了新路径。这一举措充分发挥了示范引领作用，带动了整体服务水平的提升，辐射到每一个服务环节。它极大地激发了窗口服务人员的服务意识，促使他们更加积极主动地为客户提供优质服务。同时，也有效提高了营销服务水平，从整体上提升了优质服务水平和服务形象。使得公司在服务领域不断精进，为客户带来更好的服务体验，也为行业树立了服务质量提升的典范，推动了电力服务行业的健康发展，展现了公司在提升服务品质方面的坚定决心和有效实践。

（二）营业厅标准化建设

2014 年，针对供电营业厅管理现状，公司在全省各地市供电公司全力开展"五牌三制五上墙"建设，下发相关通知。"五牌"明确信息展示与人员标识，"三制"建立规范制度体系，"五上墙"保障客户知情权与规范服务准则。2015 年完成 1097 个标准化营业厅建设任务，实现人员、责任和标准的定置管理，统一规范服务标准、营业时间、服务规程和质量体系，改善优化客户服务体验，树立国家电网品牌形象，推动电力服务行业发展与提升。

（三）营业厅"三型一化"转型升级

为实现供电营业厅向服务型、体验型、智慧型以及线上线下一体化的转变，确保"三型一化"转型升级建设有序推进，2016 年公司下发《国网湖北省电力公司关于加快供电营业厅转型升级的指导意见》。以客户和市场为核心，将业务办理与市场开拓、客户体验与价值创造相融合，对供电营业厅的功能布局、业务范围、工作流程和标准进行调整。致力于打通上下游产业链，推动营业厅从"业务办理"向"体验＋服务＋营销"职能转型，使其成为客户服务的支点、市场拓展的阵地、价值创造的中心，助力公司从单一电力供应商向综合能源服务商转变。该年实现全省供电营业厅视频监控全覆盖，2017 年开展转型升级试点，武汉、孝感、鄂州等地供电公司营业厅取得实效。

2020 年编写《国网湖北省电力有限公司供电营业厅"三型一化"转型升级建设指导手册》，涵盖环境建设、设备配置、服务运营等标准。"三型一化"营业厅将传统服务模式革新为智能化模式，优化了服务流程、资源配置和提高了人员效率，智能设备促进业务向线上、无纸化和电子化转型，当年累计建成"三型一化"营业厅 139 个，同时推进综合柜台服务，实现业务受理向综合办理转变，达成"一口对外"和"一站式"服务。公司供电营业厅转型升级项目在管理创新方面成绩斐然，荣获 2017 年国家电网公司管理创新一等奖，营业厅管理创新项目也在 2018 年分别获得中企联管理创新成果二等奖和中电联管理创新成果一等奖，充分彰显了公司在营业厅转型升级工作中的卓越成效和创新引领作用，为电力服务行业的发展提供了宝贵经验和示范样板。

二、95598 客户服务

2002 年设立的 95598 供电服务热线是供电服务体系的重大飞跃，为客户提供诉求渠道并监督服务环节。其经历地市级集中到国网级集中受理的发展，2011 年公司建立向省公司集中的营销管理体系，2014 年全业务上收，推动数据融合与服务标准统一，进而提高客户满意度。2013 年建成省级客户服务中心，承担监管分析职能；2019 年供电服务指挥中心成立，是服务体系和管理机制的又一次重大提升，持续推动电力客户服务发展，满足客户需求并不断提升服务质量。

（一）95598 供电服务热线的发展

1. 地市集中

2002 年，武汉等三地市公司率先开通"95598 供电服务热线"，2003 年各地市（县）陆续开通。2006 年实行地市公司集中受理，县级设服务站，95598 为全省客户提供全方位热线服务。2005—2007 年系统功能整合完善并延伸至代管县（市）。2009 年推广服务网站并丰富 VIP 服务。截至 2013 年，95598 工作站拓展，座席代表增加，话量攀升，同时公司率先推行多项工作机制。通过地市集中模式，有效优化服务效能，提升服务质量，有力推动电力客户服务发展。

2. 国网集中

2013 年 11 月，公司 95598 完成重要转型，5 项业务上收至国网客服中心。2014 年 9 月，按照国家电网公司 95598 全业务集中推进计划，公司率先完成系统割接验证工作，从而实现全业务在国家电网公司集中运营。同时，作为国家电网公司系统中 5 家实施故障抢修最终模式的单位之一，公司完成 95598 抢修工单直派市、县调控中心流程的正式切换运营。截至 2016 年 1 月，公司已全面实现了故障报修业务直派至市、县调控中心的目标。

（二）省级服务管控体系建立

1. 搭建"三库一模型"系统

2014 年公司开发 95598 报表"三库一模型"系统，由分析主题库、基础数据库、展示图表库、分析模型等构成，根据分析模型对主题、数据、图形进行配置，实现对特定业务量等全方位、多角度分析，并直观展示分析结果，为营销管理人员决策提供技术支撑。该系统获国网大赛金奖。2016 年完成省级座席功能完善项目，可进行工单全流程管理等操作，强化工单质量管控。2017 年开展投诉监测分析，并研发工具融合多系统数据，辅助决策。这些工作均围绕"三库一模型"展开，进一步完善了 95598 服务体系，显著提升了服务质量与管理效能。

2. 拓宽服务管控的信息化手段

在拓宽服务管控的信息化手段上，公司举措得力。2015 年"国网湖北省电力公司微信服务号"上线，随后组建专班、设计流程、开发功能以保障客户留言处理。2019 年对多平台集约管理，形成服务渠道"一张网"，从而实现信息集约化监控。同年推进智能知识库应用，统一服务标准，开通大量一线窗口账号实现全覆盖，与创新工作室共同研讨优化客户体验。此外，公司还推进大数据共享应用，贯通话务数据，完成多项数据共享应用及系统功能融合试点，进一步提升智能化水平，全面提升服务管控能力与质量。

3. 优化服务标准与流程

2015 年编制《供电服务警示案例手册》，为营销员工培训提供教学案例。2017 年组织编制业务操作手册和作业指导书，以提升业务标准化管理水平和服务管控能力。2018 年修编应急预案，并做好相关工作。2019 年编写工单回单要素规范和重要事项报备手册，为关键工作提供支撑，进而提升前端服务水平。通过编制系列手册，公司不断优化服务标准与流程，持续提升客户服务水平。

（三）供电服务指挥中心建设

2017 年，依据国家电网公司相关文件精神，国网武汉供电公司和国网孝感供电公司作为试点率先启动供电服务指挥平台建设工作。2018 年全面推进建设后，公司各供电单位纷纷成立供指中心并逐步向实体化过渡。2019 年，实现重大突破，将供电服务指挥中心正式纳入 95598 管理体系，完成非抢修工单直派流程切换，显著提升客户诉求响应速度。各地市、区县的 95598 工单由供指中心接派、监督和指挥。2021 年，供指体系深化运营全面展开，国网湖北电力按照创新思路建成市县两级供指中心，负责供电服务归口管理，明确负责人直管和本部职能部室定位，树立指挥权威，聚焦管控核心任务，切实履行服务核心职能。公司不断完善和强化供电服务指挥中心的建设与运营，使其在供电服务领域发挥着日益重要的作用，为提升供电服务质量和效率提供了有力支撑，有力推动了供电服务管理水平的持续提升和创新发展。

三、服务品牌建设

公司于 2001 年借"电力市场整顿暨优质服务年"活动契机，确立了电力服务品牌创建的战略构想。此后，各供电公司及基层供电所积极行动，涌现出众多优质服务的创新举措与形式载体。2001 年，国网荆门供电公司率先推出全省首个特色鲜明的"红马甲"供电服务品牌，随后，国网黄石供电公司的"阳光工程"、国网咸宁供电公司的"电力联心服务"、国网荆州供电公司的"阳光电力"以及国网黄冈供电公司的"星级工程"等品牌相继诞生，它们活跃于全省城乡各地，树立了新服务形象，形成了地方特色电力文化，是电力服务品牌建设的成功实践。

四、服务理念转变

公司积极响应国家电网公司的号召，不断推进各项服务举措。自 2003 年国家电网公司提出"四个服务"宗旨以来，公司就将服务提升到重要战略高度，并明确了优质服务的行业属性。2003—2005 年，公司通过开展多元教育实践活动，使服务机制逐步完善。2007—2008 年，又开展了一系列活动，服务体系初步建立。此后，2011 年实施供电服务提升工程，2013 年推行供电服务网格化，2018 年培育"零投诉"服务文化并强化管控，公司服务品质持续改善优化。至 2021 年，公司全面构建供电服务指挥体系，"大服务"体系得以建立。公司不断提升服务质量，致力于打造具有特色和影响力的服务品牌，为客户提供更优质、高效的服务。

（一）服务机制逐步完善

2003 年，依照国家电网公司部署，公司开展"优质服务是国家电网的生命线"教育实践活动，大力倡导服务为本观念，实施"优质服务满意 365 行动计划"，并制定了推进建设服务型企业的相关举措。

2005 年起，公司认真贯彻"三个十条"（指国家电网公司供电服务"十项承诺"、员工服务"十个不准"和调度交易服务"十项措施"）承诺，编制优质服务规划并加强考核，履行社会责任。各地市公司积极行动，如国网黄冈供电公司开展"电力服务进万家贴心行动"，国网十堰供电公司公布实事并落实，在这一过程中，公司不断改进服务流程，着力解决问题，从而使得优质服务常态运行机制得以逐步完善，为提升服务质量和水平奠定了坚实基础。

（二）服务体系初步建立

2007 年，响应国家电网公司部署，公司将"优质服务年"和"百问百查"活动与日常工作紧密结合，着力完善长效机制。公司制订实施方案与计划，推进特色活动，举办大规模宣传日活动，完成大客户室建设并积极走访客户，收集整改案例并评选优秀典型，开展解难题活动及推行报装"绿色通道"。

2008 年，基于前期成效，公司以服务奥运为契机开展"金牌迎奥运"活动，编写规范手册、制定管理制度，规范营销服务行为，打造特色服务，开展"三进"活动，组建监管中心，完成县级客户服务分中心建设及示范站、所、组的创建工作。通过系列举措整改薄弱环节，使得服务体系初步建立，为提升服务水平奠定了基础，开启了服务规范化、标准化的新征程。

（三）服务品质持续优化

2011 年实施"塑文化、强队伍、铸品质"供电服务提升工程，通过开展活动培育服务文化，如公司以先进典型林丽为榜样，带动全员服务意识提升；公司加强队伍素质建设，提升服务能力，多名员工在国家电网公司相关竞赛和评选中取得优异成绩；同时，公司修订评价办法，召开会议并组织明察暗访，开展专项行动，实行"四零"（指 10 千伏线路零跳闸、配变零烧损、服务零投诉、舆情零曝光）服务，通过规范行为来提升品质。

2014 年推进供电服务"网格化"，公司下发通知并全面铺开工作，优化线下服务网络，搭建线上线下网格化服务支撑体系，形成"互联网＋"网格服务模式。在"十三五"期间，公司优质服务水平实现大幅提升。同时，公司持续开展客户满意度调查，从 2003 年首次开展至今，客户满意率不断上升，多项工作获高度评价。

2018 年培育"零投诉"服务文化，公司出台相关文件，建立管理机制，完善改进机制，加大明察暗访力度，完善管控制度，开展投诉分析等。截至 2021 年，公司投诉大幅下降，众多单位实现"零投诉"。通过一系列举措，公司服务品质持续优化，不断满足客户需求，有力推动服务工作迈上新台阶。

（四）"大服务"体系形成

2017 年，为实现国家电网公司全面建成"一强三优"现代公司的目标，公司聚焦客户需求，积极行动推进各项工作以形成"大服务"体系。在组织架构方面，公司优化地县营销组织机构，推进资源整合、组织优化与流程再造，理顺职能，推行管办分离，成功建设园区供电中心并实现供电所营配合一，进一步强化管理支撑。在服务体系建设上，公司加大供电服务指挥中心建设力度，发挥其"智能大脑"作用，汇集诉求、融合数据，构建智能化供电服务指挥体系，实现服务信息贯通与业务协同。至 2021 年，公司完成省级和地市级配电部组建，配网抢修班与供电服务站挂牌运营，"大服务"体系初具雏形，为客户提供更加优质、高效、协同的服务奠定了坚实基础，有力推动了供电服务向更高水平发展。

第六节　综合能源和电动汽车服务管理

2011 年，成立湖北常青源电力节能服务有限公司（2018 年更名为"国网湖北综合能源服务有限公司"）；2017 年，成立国网电动汽车服务湖北有限公司；2020 年，明确湖北华中电力科技开发有限公司为大数据运营主体；2021 年，成立湖北思极科技有限公司。业务范围从 2012 年的"单一"业务（节能服务）拓展到 2022 年的新兴产业"四大领域"（综合能源、电动汽车、基础资源运营、大数据运营）。

一、综合能源服务

综合能源服务是公司践行国家能源战略及国网发展布局的重要举措。其前身为国网湖北节能服务有限公司，2018 年 3 月正式成立国网湖北综合能源服务有限公司。公司从提供单一节能服务拓展到综合能效、清洁能源等多领域，业务多元化发展。营业收入从2.56亿元升至13.07亿元，年均增长率达72％，成业务增长极，推动公司转型，展现出巨大的发展潜力与活力。公司为保障能源安全、促进可持续发展做出了积极贡献，为客户提供更全面、高效的能源服务方案，开启了新的篇章。

（一）综合能效服务

1. 能效＋路灯照明

2012年1月，湖北常青源电力节能服务有限公司（2013年更名为国网湖北节能服务有限公司）获得节能从业资质，以合同能源管理模式推LED节能路灯改造示范工程，在黄梅、宜昌等地实施路灯改造，节电率超过62％，开启了能效与路灯照明的实践之路。

2013年，公司聚焦业务，落实指标，开拓市场实施项目，在黄梅获得补贴，并拓展至宜昌、鄂州等地，项目覆盖超过1万盏路灯。

2014年，公司响应政策，将节能减排指标纳入考核，成功实施路灯照明节能改造项目21项，改造灯具9000多盏。

2015年，公司在原有基础上拓展电能替代业务，出台行动方案，统筹资源，跟踪武汉、随州等地重点节能和电能替代项目，不断在能效与路灯照明领域深耕细作，为城市照明的节能增效做出了积极贡献。

2. 能效＋一站式后勤医院

自2020年起，医院能源托管及综合能源服务项目稳步推进。2020年8月，汉川市人民医院能源托管项目开工并于11月竣工，涉及多系统改造与建设，合同期为6年，节能率达15％，年省能源费超过200万元。同年10月开工、2021年5月竣工的武穴市第一人民医院能源托管项目，聚焦多方面节能改造与系统建设，合同期为8年，年节电量等可观，节约能源费约100万元。

2021年5月中标、9月开工、12月竣工的枣阳市第一人民医院绿色综合能源服务项目，对多系统进行节能改造建设，合同期为10年，年节能收益约109万元。

这些项目的成功实施有效降低了医院的能耗与成本，提升了后勤保障能力，实现了能效与后勤服务结合，为医疗行业提供了创新借鉴，彰显了公司的专业实力与创新能力，促进了医院向绿色节能方向发展。

3. 能效＋智慧校园

自2018年起，高校综合能源服务项目陆续开展。2018年8月开工的中南财经政法大学项目于当年12月竣工，涵盖多方面建设，实现节能率15％，能源管理平台化、缴费线上化、路灯照明智能化，线上缴费率达99％，大大降低了运维工作量。

2020年11月开工的湖北文理学院项目竣工后年节约能耗8％，节约成本约100万元。

2021年，武汉电力职业技术学院智慧校园项目于5月开工、10月竣工，成功构建能源智控体系；三峡大学智慧绿色校园建设项目于8月开工，包含多种能源设施；12月，湖北民族大学推进智慧物联空调互联互通。

这些项目的实施有效提升了校园能源效率，为师生带来智慧化体验，推动了能效与智慧校园的融合，为高校的可持续发展注入动力，提供范例。

4. 能效＋智慧楼宇

2012年，公司完成了国网随州供电公司营销部分布式低碳冷热站项目建设，这是公司系统内的首个办公楼宇节能改造项目。该项目投资260万元，节能率达35％～40％，年节能效益为10万～15万元，为后续工作奠定了基础。

2020年，公司以电科院智慧楼宇为试点，聚焦智慧子系统的打造并成功推出标杆项目。此后，公司积极推广，梳理客户、勘察编制方案，完成了大量楼宇的用能优化改造且成果超额。这一举措有效推动了技术的应用并获得了媒体的宣传。

2021年，公司成功促成鄂州公安局配电室能源托管项目的签约，打造了首个市直机关单位的示范工程，进一步拓展了应用场景。

公司在能效与智慧楼宇建设方面取得了创新突破，实现了能源的高效利用和智能化管理，为办公楼宇的可持续发展提供了有力支撑和经验模式，引领了融合发展的新趋势。

5. 能效＋居民电气化

2016年，公司积极响应国网部署，以黄冈为试点开展活动促居民生活电气化普及及售电量增长，创造了典型案例并获得了显著效益。

2017年，公司创新形式与国网商城合作开展了68场线上线下活动，推广了约5万台电气化产品。以积分回馈等方式助力农村电气化进程，成绩领先。

2018—2021年，公司持续丰富活动内涵，开展了102场活动推广了10余万台产品。针对特定用户推出了特色活动并创新了模式，为"乡村振兴"等提供支撑。

公司积极推动"11010"能源托管工程，以宜昌宜都为样板完成了目标。自研产品系统满足市场需求，公司志在实现全省公共机构能源托管全覆盖的目标。

公司在能效与居民电气化领域的努力，提升了居民的生活品质，促进了能源的高效利用，为社会经济可持续发展贡献了力量。同时，也推动了电气化的广泛深入应用和发展。

（二）清洁能源服务

积极响应国家能源发展战略，以贯彻落实国家"双碳"战略目标为契机，以低碳用能为抓手，以"华中区域领先、国网第一方阵"为目标，大力发展分布式光伏、储能等清洁能源应用。

1. 分布式光伏

2021 年，国家能源局下发整县屋顶分布式光伏开发试点方案通知，国网营销部及国家电网公司也出台相关通知指引。公司积极落实，明确京山、秭归和黄州三个试点项目，开拓分布式光伏市场。

新能源业务突破方面，2020 年以电科院智慧楼宇试点建设实现零突破，2021 年加大力度，部分项目经授权地市分公司后，开展 9 个屋顶分布式光伏项目，合计容量 3.27 兆瓦，年均发电量可观，25 年总发电量超 7300 万千瓦时。

这些项目为公司积累经验，为新能源应用发展做出贡献，推动能源结构优化，促进了绿色能源在不同场景的有效利用，为未来更广泛、深入地开展分布式光伏业务奠定了坚实基础。

2. 储能

从国家层面的政策指引来看，2018 年国家发展改革委鼓励分布式储能应用，2019 年国家电网公司明确储能发展思路。2020 年湖北首个用户侧储能电站在烽火博鑫电缆有限公司成功应用，装设 2 兆瓦储能电池保障生产线用电。

2021 年，国家电网公司制订行动方案，国家发展改革委印发指导意见，公司积极响应，开展试点示范项目建设，明确储能电站示范项目，公司组织综合能源公司研究湖北储能发展路径并编制多份报告，还先行先试启动多种类型储能示范项目建设。公司在储能业务上积极探索与创新实践，为推动储能技术的发展和应用积累了经验，为未来储能业务的规模化发展和商业化运营奠定了坚实基础。

（三）能源交易服务

1. 市场化交易

2018 年，湖北开放电力市场，公司成为首批获准入资格的售电公司之一，为参与配售电业务奠定基础。

2019 年，拓展业务，走访客户 76 家，签约 38 家，交易合同 24.4 亿千瓦时，结算金额 102.4 万元，同时开展培训以提升从业人员素质。

2020 年，依据相关文件，公司参与中长期交易，签约 232 户，合同电量 20.7 亿千瓦时，服务费收益 173.27 万元。

2021 年，售电公司管理规范调整，公司提升经营质效，推动用户参与交易，完善内部机制，应对政策变化，交易电量 19.7 亿千瓦时，结算服务费 186.18 万元。

2022 年，相关部门印发交易实施细则，公司适应市场需求。四年间，电力市场化进程深入，公司售电业务累计代理交易电量近百亿千瓦时，消纳清洁能源电量 1.59 亿千瓦时，业务发展迅猛。

2. 负荷聚合商

2021 年 7 月，公司启动电力需求侧响应，借助省级智慧能源服务平台与"绿色国网"网站开展协议签约，完成500多户签订，储备约180万千瓦可调节负荷。迎峰度夏期间，全省执行响应19次，有效保障供电。公司组织综合能源公司加快挖掘可调资源、聚合负荷，目标两年内聚合资源合同总量达100兆瓦、实时可调用资源达10兆瓦，彰显其在负荷聚合商业务上的积极作为，对保障电力供需平衡等具有重大意义。

（四）智慧用能服务

1. 电能服务管理平台

2014年，按照国家电网要求，4月湖北电能服务管理平台建设启动，12月上线，其功能涵盖多方面，为多方提供了全方位服务与管理功能。

2018年，加快采集系统建设，安装专变采集终端14.61万台，低压采集系统覆盖用户2500.42万户，监测与可控负荷达一定规模，分别占最大负荷的相应比例，为电力资源调配等提供支撑，促进了电力行业发展，保障了电力供应。

2. 智慧能源服务平台

2020年6月，公司启动智慧能源服务平台建设，12月顺利通过验收。2021年持续推进，7月完成客户侧主站部分接入，9月完成15万专变用户数据接入，10月全面上线。平台包含7个功能模块，实现了多项能源管理目标，进一步提升了能源数据共享和服务客户能力，有力地助力了能源行业数字化转型与高效发展。

二、电动汽车业务

发展电动汽车业务是公司落实战略、推动发展的重要举措。其发展分三阶段：2001—2010年以武汉为试点开启湖北充电设施建设；2011—2014年随技术服务革新不断积累管理经验，走向规范智能；2015—2021年成立专业子公司，聚焦高速快充网络建设，拓展业务至多领域，构建"人—车（船）—桩—网—城"生态格局。这充分体现公司积极进取，为新能源汽车普及、湖北发展及能源转型助力，奠定业务拓展基础，引领交通能源变革，开启绿色出行与智慧能源融合新篇章，对推动经济社会高质量发展具有重大意义。

（一）充电设施建设启动

2001年中国确定发展新能源汽车及"三纵三横"开发布局，电动汽车充电站建设在湖北正式开启。

2009年国家电网公司将公司列为试点网公司，计划2010年在武汉建5座充放电站。2010年公司与多地政府签署合作协议，全面启动充电设施建设，计划在多区域停车场建交流充电桩。8月10日湖北首座电动汽车充电站示范项目在襄阳竣工投运，配备多种充电桩可同时为不同车辆快速充电。截至年底，首批5座充电站、300台充电桩投入运行，公司编写的相关典型经验成功入围国家电网公司典型经验库。

这一系列举措标志着湖北充电设施建设的全面启动，为电动汽车产业发展奠定了基础，开启了新能源交通的新征程，有力推动了能源转型与绿色出行的实践。

（二）充电设施规范化、智能化发展

在充电设施发展的起步阶段，国家积极推广新技术并编制行业规范。2011 年公司与国网电力科学研究院签订协议，在电动汽车充换电站等领域开展关键技术研究与新技术推广应用。

充电设施建设与服务齐头并进。2014 年，湖北省级电动汽车智能充换电服务网络运营监控系统投运，提升了业务运作、客户服务和管理控制能力。同时，国家电网规范充换电设施用电报装流程。公司也按照国家电网投资策略，集中建设高速公路城际互联快充服务网络，京港澳湖北段首个服务网点送电成功。

公司持续推动充电设施建设与服务的协同发展，有效促进了充电设施的规范化、智能化，为电动汽车的普及和出行提供了有力支撑，也为新能源交通的发展奠定了坚实基础。

（三）湖北电动汽车服务产业发展

1. 高速及城际互联快充网络建设

2015 年，公司积极行动，编制了《国网湖北省电力公司电动汽车智能充换电服务网络发展规划（2015—2020 年）》，全面梳理现状、评估政策、分析问题挑战并预测需求，明确了各年度各单位充电设施发展目标。

同时，按照国家电网公司战略部署，对接华中各省市公司，牵头并完成华中区域"五省一市"高速公路快充网络规划。

2016 年，公司进一步印发管理办法，明确诸多工作细则。至年底新建 80 座快充站，初步建成湖北境内"三横一纵一圈"城际互联快充网络通道。

公司积极推动湖北高速城际充电网络的建设，为电动汽车在高速公路上的便捷出行提供了保障，有力促进了新能源汽车产业的发展，为构建更加完善的充电服务网络奠定了坚实基础。

2. 充电服务网络布局

2017 年国网湖北电动汽车公司成立，承担充换电业务发展主体责任，随后在多地成立分（子）公司，加速推进湖北省充换电服务网络布局。

2018 年公司获委托制定相关规划及标准，为充电设施生态系统的构建提供依据。同时，推广"车桩同行"等模式，与政企机构合作实施汽车租售与充电站建设。

2019 年推进"电气化＋"专项行动，首座网约、物流专业充电站及光储充一体化充电站等相继投运，首个"多站融合"示范站建成。

2020 年"黄冈模式"得到推广应用，首座"综合供能服务站"落地，极大地促进了电动汽车公司与市县供电公司、省管产业单位深度融合。

2021 年与公交公司合作，推广社区有序充电站建设，投资建设湖北省规模最大的充电桩群——鄂州民用机场充电桩项目。为解决充电最后一公里问题，公司大力推广社区有序充电站建设并开展"统建统营"服务。此外，电动重卡、超级充换电站等重大示范项目陆续开建。

公司全面推动了湖北充电服务网络的多元化、规模化、智能化发展，显著提升了充电服务的覆盖面和质量，为新能源汽车的广泛应用创造了良好条件，有力地助力构建绿色、高效的交通能源体系。

（四）公司投运充电设施运营情况

自2018年起，国网湖北电动汽车公司充分依托智慧车联网平台这一先进技术手段，对公司自身（含国网湖北电动汽车公司及各地市电动汽车分公司）建成投运的充电桩运营情况展开了全面而细致的监控。这一举措为深入了解充电桩的运行状态、使用效率以及服务质量等提供了有力的数据支撑和科学的管理依据。

截至2021年12月31日，湖北省公共充电桩数量已达到58627台，在全国公共充电桩数量前十的省份中名列第7位。这充分凸显了湖北省在全国充电设施建设布局中的重要地位和突出贡献。湖北省的充电设施规模不仅为本地新能源汽车的发展提供了坚实保障，也在一定程度上影响着全国新能源汽车产业的整体格局。

在充电设施电价执行情况方面，公司严格按照国家发展改革委《关于进一步深化燃煤发电上网电价市场化改革的通知》（发改价格〔2021〕1439号）、国家发展改革委办公厅《关于组织开展电网企业代理购电工作有关事项的通知》（发改办价格〔2021〕809号）以及湖北省发展改革委关于转发《国家发展改革委关于进一步深化燃煤发电上网电价市场化改革的通知》的通知（鄂发改价管〔2021〕330号）等相关政策文件要求执行。充电桩价格紧密跟随市场购电价格进行调整，并且按照尖峰平谷时段实行分时电价策略，同时每月进行更新。这种灵活且科学的电价调整机制，既能够合理反映电力市场的供需变化和成本波动，又有助于引导用户合理安排充电时间，提高充电设施的利用效率，优化电力资源的配置。这一系列举措充分体现了公司在充电设施运营管理方面的规范性、科学性和前瞻性，为新能源汽车的广泛应用和可持续发展创造了良好的条件，有力地推动了电动汽车产业的健康有序发展以及能源利用的高效优化，为实现绿色出行和可持续能源发展目标迈出了坚实的步伐。

（五）岸电建设运营

2015年以来，公司落实国家节能减排政策，积极推进港口岸电的建设和推广应用，建设了武汉"知音号"码头、宜昌桃花溪码头等一批岸电示范项目，并引导阳逻港、黄石新港等码头自建岸电设施。2018年4月，习近平总书记在武汉主持召开深入推动长江经济带发展座谈会，强调要把修复长江生态环境摆在压倒性位置，提出"共抓大保护、不搞大开发"的重要指示。国家电网公司认真贯彻习近平总书记指示精神，将长江沿线岸电建设作为重大政治任务。长江沿线湖北段岸电建设分为两期项目（宜昌三峡坝区岸电实验区建设、长江流域湖北段港口岸电建设）逐步开展。

1. 宜昌三峡坝区岸电实验区建设

宜昌三峡岸电实验区建设始于2018年5月，遵循"先易后难、先客后货、试点先行"原则，选定长江干流宜昌段77公里核心水域开展。

三峡秭归港茅坪客运码头电能替代项目是重点之一。2018年7月开工，在新老港区建设高压开闭所、变压器等设施，岸电供电容量达7500千伏安。针对复杂水文条件，创新推出六种岸电供电系统及核心设备。8月新港土建动工，10月秭归新港阶段性验收完成，"凯娅"号游轮成功接驳岸电。至2021年年底，该项目为大量旅游客轮供岸电，在替代燃油、减排、节约成本等方面成效显著，成为长江流域岸电运营优质客运港口典范。

2019年建设加速。3月多个岸电示范项目建成，4月承办长江沿线港口岸电建设推进会，实验区7个码头、2个锚地共建设39套岸电设施，实现宜昌段港口岸电全覆盖，为后续推广奠定基础。4月15日成立宜昌长江三峡岸电运营服务有限公司，标志着运营服务阶段的开始。此后，公司强化运营服务与技术创新，成立"岸电发展联盟"，取得众多成果并发布多项标准，为绿色岸电在全国推广提供示范，推动港口能源绿色高效利用，为生态保护和航运可持续发展助力，其影响力持续至今，不断为行业发展添彩。

2. 长江流域湖北段港口岸电建设

长江流域湖北段岸电建设在国家政策推动下取得了显著成效。依据国家电网公司营销部文件要求，2020年计划在宜昌、荆州和黄冈等9个地市重点经营性码头建设220套岸电设施。尽管面临新冠肺炎疫情防控、复工艰难以及夏季汛期高水位导致施工受阻等诸多不利因素，公司积极应对，努力克服困难，按计划组织岸电建设有序复工。到2020年年底，湖北省重点经营性码头超额完成任务，总计259套岸电设施完成招标、设计、建设、调试及投运，并全部接入岸电云网平台开展运营工作，成功实现长江流域湖北段港口岸电全覆盖的目标。

2021年，岸电建设成果进一步巩固和拓展。12月，全球首个采用"高压充电＋低压补电"电池充电模式的游轮宜昌"长江三峡1号"完成在厂调试。至年底，湖北省内长江流域沿岸主要港口码头全面实现岸电设施覆盖，累计建设岸电充电桩达261台。长江货轮、游轮对岸电的使用也愈发频繁，使用岸电船舶艘次达17182次，使用岸电设施时间长达193408.6小时，使用岸电电量706.7万千瓦时，同比增长92.03％，相当于替代燃油1774吨，这不仅有效减少了燃油消耗和污染物排放，还为船舶运营节省了成本，促进了长江流域湖北段航运业的绿色可持续发展，为守护长江生态、推动经济与环境协调发展做出了积极贡献。

（六）换电业务

公司在换电业务领域展开了积极探索与实践。2021年5月，国网十堰电动汽车服务有限公司与东风公司携手进行技术合作，共同致力于共享换电装置的研发，以推动换电模式的应用。在此过程中，一座具有重要意义的单车道换电站在十堰市京中实验学校对面停车场建成。这座换电站主要服务于十堰享运出租车公司，所针对的车型为东风换电版 E70，其单日服务换电车辆的能力可达 300 辆次，成为公司首座出租车专用换电站。这一举措不仅为出租车提供了更为便捷、高效的能源补充方式，提高了车辆的运营效率，也为换电业务在特定领域的应用提供了实践经验和示范样本，同时也为城市交通的绿色发展和能源转型提供了新的思路和解决方案。

第七节　农电管理

我国农电发展历经了由小到大、由慢到快、由落后到先进、由城乡分割到逐步走向城乡统筹的过程。2006 年为响应国家号召，公司依据国家电网公司"三新"战略开启新农村电气化建设，强化管理县供电企业和乡镇供电所，实施"两个提升"工程，实现了与国家电网的全面接轨。公司以三条扶贫主线，发挥企业优势推进工作，补齐农村供电短板，为脱贫与经济社会发展筑牢电力基础。从落后分割到先进统筹，农电发展推动农村进步，成果持续惠及农村，为乡村振兴提供支撑。

一、农电发展及体制变迁

2000 年国家电网公司启动县级供电企业创一流工作，"新农村、新电力、新服务"战略开启新农村电气化建设"百千万"工程，公司开展农电标准化建设。2015 年湖北所有市县电网由国家电网公司直供直管，形成统一电网。2018 年试点营销机构管办分离等创新举措。这些举措见证了农电从分散到统一规范再到优化创新的轨迹，为农村提供可靠电力保障。

（一）农电管理模式

20 世纪 90 年代，湖北县级供电企业管理体制呈现多元模式，包括直供直管、代管和自供自管三种，其中代管 26 家、自供自管 3 家，涉及众多人口与大面积区域。到 2006 年，公司系统县供电企业情况有所变化，员工及农电工数量众多，供电人口和面积进一步扩大。2013 年实施《县供电企业管理提升工程实施方案》，统一制度标准，加强新上划企业管理，解决乡镇供电所诸多问题，促进主业与集体企业融合及集体企业的创新发展。2016 年国务院相关意见明确到 2020 年取消"代管体制"，2019 年全国县级供电企业"代管"体制全面取消。至 2019 年年底，公司农电部归口管理涵盖县供电企业、乡镇供电所管理及电力扶贫等多方面内容。

总体而言，湖北农电管理模式历经多年发展与变革，不断适应时代需求，从多元走向统一规范，管理内容日益丰富和细化，为农村电力供应和服务提供了坚实保障。

（二）农电体制改革

2002 年，国务院印发文件开启电力体制改革，以"厂网分开、竞价上网、打破垄断、引入竞争"为主要内容，旨在构建健康发展的电力市场体系。2006 年，公司贯彻国家电网发展战略，实施多项工程，农电管理体制的改革为农村供用电秩序规范提供前提。2008 年，公司探索县级供电企业负责人管理新模式，进行管理体制改革，实行财务总监委派制等举措，加强农电工管理，推进主多分开改革。2011 年，理顺农电管理关系取得重大突破，"六县一区"供电企业产权划转，完善管理体制和运作机制。2012 年，恩施州电网实现直供直管，统一的湖北电网基本形成。2013 年，湖北农电体制改革进入收官阶段，结合"三集五大"体系建设总分公司一体化运作模式。2018 年，试点推行营销机构管办分离等创新举措。2020 年，制订实施"放管服"事项清单，开展自主管理试点。

历经多年改革，湖北农电体制不断优化完善，从多方面提升了管理水平和服务质量，促进了资源优化配置和电力行业的可持续发展。

（三）农村用电

自 2006 年国家电网公司提出"三新"农电发展战略以来，公司积极响应，转变观念，大力推进用电管理模式创新。在面对非典疫情和电力体制改革等诸多考验时，依然坚守并不断提升供电质量和服务水平，使得营销服务能力全面增强。农网用电实现了"三公开""四到户""五统一"，为农村用电的规范化和透明化奠定了基础。

从 2012 年至今，随着市场化改革的深入推进，公司以客户和市场为导向，全面加强农网供电区域优质服务建设。一系列改革举措得以顺利实施，如居民阶梯电价、销售电价分类等，同时全力推动电力营商环境改善，在脱贫攻坚战中发挥了电力服务的重要作用，自主创新成果丰硕，助力电网企业实现跨越式发展。农网整体用电规模的大幅跃升，农村用电领域呈现出蓬勃发展的良好态势，为农村经济社会发展提供了坚实的电力支撑。

（四）县供电企业

由于历史原因，湖北省县级供电企业的管理体制曾形成直供直管、代管和自供自管三种管理模式。1999 年，全省农电体制改革率先启动，省政府召开相关会议推动改革。2002 年规范供电企业名称及工商登记，2003 年完成企业更名等工作，且组建部分供电有限责任公司，对农场供电管理进行改革。2009 年，公司推进农电体制改革，完成标准体系建设，提升管理水平。2010 年湖北农电体制改革全面启动，产权上划。2011 年国务院提出取消"代管体制"。2013 年印发方案深入推进县供电企业管理提升工程，完成多项指标任务和产权划转，形成有利电网发展机制，进一步提升管理水平，适应农村经济发展。

2015 年，所有市县电网实现国家电网直供直管，标志着全省农电体制改革圆满完成，形成统一湖北电网，为保障电力供应、促进经济社会发展发挥了重要作用，推动着县域电力事业不断向前迈进。

二、农网建设与升级改造

农网建设与升级改造对农村发展至关重要，影响居民生活与地区经济。随着用电需求增长，其持续改造升级势在必行，旨在改善电力网络性能，支持农村生产生活。1998 年 11 月湖北开启此征程，公司在农网升级、户户通工程及新农村电气化建设等方面不懈努力，履行行业责任，提升农村电力基础设施水平，践行"人民电业为人民"宗旨，带来稳定电力供应，有力推动农村经济发展与居民生活质量提升，为农村持续发展和乡村振兴注入动力。

（一）农网升级改造

1998 年以前，农村电网问题突出，管理混乱，电价高，电网单薄，制约农村经济。为改变这一状况，1998 年 6 月党中央、国务院实施"两改一同价"政策，同年 11 月湖北申报农村电网改造方案，规划分主网、城市电网和农村电网三部分进行建设与改造，以解决供电设施陈旧等问题。

此后，政策不断推进。2010 年中央一号文件提出实施新一轮农村电网改造升级工程。2016 年国务院明确深化电力体制改革并推进相关工程，确定多项任务目标。国家电网公司积极行动，2017 年提前完成"两年攻坚战"任务。

1998—2021 年，全省累计完成农网投资 648 亿元，各项电网建设与改造工程顺利推进，农网"两率一户"指标提前达标。以宜昌为例，2016—2020 年，农村用电量年均增长 8％以上，大量建设改造中低压线路和配电变压器，所有自然村通动力电，投资大幅增长，供电可靠率、综合电压合格率均提升，户均配变容量增加。农网建设与升级改造不仅改善了农村用电条件，也为农村经济繁荣、乡村振兴注入强大动力。

（二）户户通工程

由于历史和自然原因，2005 年农网改造结束后，湖北仍有众多无电户面临用电难题。2006 年，国家电网公司与湖北省人民政府签署相关会谈纪要，正式启动"户户通电"工程。国网赤壁市供电公司迅速行动，成立领导小组，仅用不到一个月时间就完成了赤壁市的相关工程，并荣获"先进集体"称号。

在全省范围内，公司全力推进户户通电工程，各地市积极响应。2006 年 10 月 15 日，该工程全面超额完成，涉及众多地区和大量人口，新建改造了大量配电变压器、线路等，投资巨大。

经过多年的努力，截至 2021 年，湖北境内 1500 多万农网用户实现用电全覆盖，居民人均生活用电量大幅增长，与 2005 年相比增长了 56 倍。这不仅体现了公司在服务农业生产、农村发展以及农民生活质量改善方面能力的显著提升，更意味着农村地区告别了无电历史，迎来了全新的发展机遇。户户通工程切实打通了农网用电"最后一公里"，为农村经济社会的发展注入了强大动力，让广大农民享受到了电力带来的便利和福祉，为乡村振兴战略的顺利实施提供了坚实的电力保障。

（三）新农村电气化建设

2006 年国家电网公司确立"新农村、新电力、新服务"农电发展战略并提出新农村电气化工程。2007 年湖北省政府成立领导小组，要求按原则实施该工程以推动新农村建设。公司积极响应，依据国家政策，实施"三新"农电战略不断提升服务水平，其间建成多个电气化县、乡镇和村，完成电气化铁路供电配套工程等。

在"电气化＋"跨领域合作方面，公司积极作为。如推动制定岸电方案，拓展应用领域。2012 年实施众多电能替代项目，取得显著节能减排效果。2018 年扩大电能替代应用范围，在多领域推广，开展主题推广活动促进居民电气化。2020 年继续在多领域进行技术推广，开发功能模块固化业务流程，建立项目库奠定基础，实施众多电能替代项目且超额完成年度计划目标。2012—2021 年电动汽车充电设施建设成果显著，充电量大幅增长。

新农村电气化建设在湖北不断推进，从基础设施建设到跨领域合作，从服务提升到技术推广应用，全方位促进了农村能源利用的优化、环境改善和经济社会发展。

三、乡镇供电所管理

党的十六届五中全会后，国家电网公司提出"新农村、新电力、新服务"战略服务新农村建设。2008 年公司开展农电标准化建设，以加强基础管理为重点。到 2020 年年底，全省众多乡镇供电所基本满足全能型建设要求，实现阶段性目标。创一流和同业对标工作有效提升了电网建设、管理和服务能力，使农电管理更优，客户更满意，有力促进了湖北省农电发展，为农村地区提供了可靠电力保障和优质服务。

（一）供电所标准化建设

供电所标准化建设是一项系统且持续的工程，始于 2008 年的"抓基础、上台阶"工作，旨在提升管理水平、更好地服务新农村建设。通过建立评价机制和强化指标管理等手段，取得了显著成效。

在标准化作业体系方面，到 2009 年年底完成多项任务，如三级农电基础标准体系建设、作业组织专业化整合、现场标准化作业实施等，农网综合线损率下降，各项工作有序推进且 SG186"农电系统应用"功能得到完善。

标准化供电所建设也不断推进，2010 年制定建设标准，2011 年按计划建成众多标准配电线路、台区和供电所，其中还有 3 个供电所成为国家电网公司标准化示范供电所。

2013—2015 年的"两个提升"工作成效显著，县供电企业和乡镇供电所各项指标大幅提升，管理标准统一，基础夯实，实现了与国家电网公司全面接轨。2017 年推进安全标准化建设，完成供电所"三库三室"建设和检测中心建设，严把质量关。供电所标准化建设的不断推进，全面提升了供电所的综合实力和服务能力，为农村电力供应的稳定、可靠和安全提供了有力保障，更好地满足农村地区日益增长的用电需求和经济社会发展的需要。

（二）星级供电所建设

"十一五"末期，公司在供电所规范化、标准化建设过程中，响应国家电网公司"三新"农电发展战略要求，以提升乡镇供电所管理和服务能力为目标。2016 年制定实施方案，确定以县公司为主体，构建动态考核评价机制。考评标准围绕专业工作等核心内容，分必备条件、考评规范、加分项三部分，按得分划分为五个档次，不同级别公司负责相应星级的验收命名。

2016 年部分供电所被评为五星级，如潜江运粮湖供电所在多方面表现出色，起到了示范引领作用。通过星级建设，基层供电所聚焦核心业务，加强"三基"建设，服务质量和管理水平不断提升。到 2021 年各星级供电所数量分布合理，无星供电所清零。在运营方面，实现营配深度融合，业务协同运行，优化班组设置；坚持全能导向，培养综合柜员和一专多能人才；升级服务窗口，实现向体验交互转型。星级供电所建设全面提升了供电所综合实力，为农村地区提供了更优质的供电服务和保障。

（三）全能型供电所

随着经济发展与生活水平提高，农村客户需求多样且服务要求趋高，传统农村供电所暴露出诸多问题。2016 年，国网华容区供电公司段店供电所率先试点"全能型乡镇供电所"建设，成效显著，如武圣村经线路改造及采用全能型管理模式后，停电次数与时长大幅减少，服务更便捷。2017 年，国家电网公司提出打造"全能型"乡镇供电所思路，公司随即制定实施方案并全面推进创建工作。通过合理设置班组、岗位及人员配置，年底多项指标取得良好进展，营配融合、台区经理制等得以广泛实施，智能缴费、业务展示区等也逐步推广，且营销服务规范率显著提高。

自 2017 年以来，公司按统一部署全力构建新型供电服务体系，开展"全能型"乡镇供电所建设，历经各阶段努力，到 2020 年年底，全省众多乡镇供电所基本满足建设要求，实现阶段性目标，为农村地区提供了更优质、高效、便捷的供电服务。

（四）供服员工

2012 年国家电网公司出台文件推广农村供电所业务委托工作，旨在提升服务"三农"水平等。2021 年，公司为增强供服职工归属感等，在多个方面采取措施。岗位规范上，理顺管理关系，规范机构岗位与成长通道。薪酬管理方面，统一执行岗位绩效工资制度，设置岗级、薪档，考虑地区差异，并依据绩效动态调整薪档等。福利管理上，建立多类福利项目且进行规范管理。保障管理中，统一保障项目设置，处理遗留问题，规范商业保险，加强社保和公积金管理。

2021年进行了多项工作推进与套改实施，9月试点套改完成，10月全面实施，部分单位陆续完成套改，养老保险和医疗保险补缴也有一定进展。统筹供电指挥体系建设中，人员回流工作按计划推进。截至年底，公司用工总量明确，供服职工人数众多，还聘用了一定数量的供服职工工匠。供服员工队伍的建设与管理不断完善，为构建更优质的电力服务体系提供了有力支撑。

第八节　电力市场化交易发展简介

电力市场化交易是电力体制改革的关键环节。自2002年起，湖北电力市场建设稳步推进，实现"厂网分离"，为市场竞争创造条件。2015年新一轮改革启动后，举措不断出台，包括核定输配电价、培育购售电主体、组建交易机构、设计交易规则、放开发用电计划等。至2021年，燃煤发电企业电量基本全入市场，工商业用户也全部进入，形成了以"基准价＋上下浮动"为上网电价的模式，交易规模逐步扩大。这一系列改革推动了电力资源的优化配置，激发了市场活力，促进了电力行业的可持续发展。电力市场化交易使得价格更能反映市场供需关系，提高了电力生产和供应的效率，也为用户提供了更多选择和更好的服务，助力经济社会的稳定运行和高质量发展。

一、体系建设与发展

2002年，国务院《关于印发电力体制改革有关问题的通知》（国发〔2002〕5号）文件标志着电力行业全面开启体制改革，规划出通过厂网分离等步骤构建电力市场的路线。此后，湖北等地积极响应，如2009年湖北省印发通知，开展电力用户与发电企业直接交易试点工作。

在国家层面，政策不断完善。2016年国家发展改革委、国家能源局关于印发《电力中长期交易基本规则（暂行）的通知》（发改能源〔2016〕2784号）采用"计划性交易＋市场化交易"相结合的形式探索解决问题。2018年国家发展改革委、国家能源局《关于积极推进电力市场化交易　进一步完善交易机制的通知》（发改运行〔2018〕1027号）要求提高市场化交易规模电量，放开多个行业电力用户发用电计划。2019年国家发展改革委《关于全面放开经营性电力用户发用电计划的通知》（发改运行〔2019〕1105号）进一步提出经营性电力用户发用电计划原则上全部放开，并完善优先发电优先购电制度。2020年，国家发展改革委、国家能源局联合印发了《关于推进电力交易机构独立规范运行的实施意见》（发改体改〔2020〕234号）致力于推进电力交易机构独立规范运行，为实现经营性电力用户发用电计划全面放开创造条件。

2021年，国家发展改革委《关于进一步深化燃煤发电上网电价市场化改革的通知》（发改价格〔2021〕1439号）要求放开燃煤发电电量上网电价，扩大市场交易电价浮动范围，推动工商业用户进入市场，取消工商业目录销售电价，这一改革在放开发电侧和用户侧电价方面取得重要进展，是电力市场化改革的又一关键举措。

电力市场化交易体系建设与发展过程中，从试点探索到逐步扩大市场主体范围，从完善交易机制到推进交易机构独立规范运行，不断朝着构建公平、开放、有序的电力市场迈进。这不仅促进了电力资源的优化配置，提高了电力行业的效率和竞争力，也为经济社会发展提供了更可靠、高效的电力保障。

二、交易机构变迁

2006年，依据国家电网公司通知精神，湖北电网电力交易中心成立，最初内设4个处室，定员12人，承担着初步的电力交易相关职能，开启了湖北电力交易的新篇章。

随着时间推移和改革的深入，2017年迎来重要调整。根据国家电网公司新的指导意见，机构按定员25人设置，新增综合部和财务资产部，同时因业务管辖范围变动不再设计量处，内设机构变为5个。这一变化体现了对交易中心管理和运营的进一步规范和完善，强化了综合管理与财务方面的职能，以适应不断发展的电力交易市场需求。

2018年，交易中心董事会一届三次会议再次确认内设机构，保持了综合部、财务资产部、市场部、交易部和结算部的设置，确保了机构运行的稳定性和连续性，继续在电力交易的各个环节发挥作用。

到2020年，为推进交易机构独立规范运行，依据一系列重要文件精神及业务发展实际需要，交易中心再次进行调整。定员增加到30人，增设技术部和合规部，内设机构变为7个。技术部的增设有助于提升交易技术支撑能力，适应电力市场交易技术要求的不断提高；合规部的设立则强化了交易的合规性管理，保障电力交易在合法合规的轨道上稳健运行。

截至2021年年底，交易中心以定员30人、7个内设机构的规模和架构持续运作。从2006年到2021年，湖北电力交易中心有限公司历经多次变迁，不断优化调整，在业务范围、职责边界、机构设置和人员配置等方面逐步完善，见证了电力市场化改革的历程，为湖北电力市场的健康发展提供了坚实的组织保障。

三、交易平台建设

电力交易平台建设在湖北电力市场发展中起着关键作用，历经多年不断演进和完善，为电力市场化交易提供了坚实支撑。

2014 年，电力市场交易运营系统 V2.0（二期）上线试运行，取得显著成果。实现全在线、零故障，平台可用率达 100%，有力保障了市场化交易的顺利开展。该系统完成多个业务功能模块研发，尤其是实现线上结算功能，提升了交易效率和管理水平，还被评为国网信息化建设优质项目。

2015 年是关键的发展年份。一方面研究建设方案并将非统调电厂纳入应用范围，实现电厂全覆盖，后又扩大到地（市）供电公司和地方电厂，拓展了平台的应用广度；另一方面，9 月率先采用 Cognos 多维报表制作结算单并实现结算全过程管理，年末单轨制运用通过评审且成绩优异，被评为标杆，标志着平台建设和应用达到新高度。

2017 年，交易平台建设持续推进并成效显著。不断提升技术应用水平，推动各类交易核心业务平台化运作，与营销市场化售电平台实现对接，保障信息公开透明，打造公正的交易服务体系，进一步优化了电力市场交易环境，提高了市场运作效率和透明度。

2019 年，平台增设交易在线结算功能，采用价差全额传导模式，明确月度交易结算规则，按顺序结算电量，为市场主体提供了清晰的结算依据。同时积极服务新能源并网发电，支撑特色交易活动合同签订会，适应了能源结构调整和市场多元化需求。

2020 年，平台开发多项新功能，如运营评价、合同转让交易等，引入新流程和新算法，支撑新业务开展，保障市场高效平稳运行，使交易平台的功能更加丰富和完善，增强了应对市场变化和服务市场主体的能力。

2021 年，新一代交易平台实行单轨制运行，通过全面梳理规则和模型，完成功能比对与技术验证，实现新老平台无缝衔接，确保了交易业务的连续性和稳定性。湖北电力交易平台建设从无到有、从有到优，不断适应市场需求和改革要求，为湖北经济社会发展提供了有力的电力交易保障。

四、电力市场化交易

湖北电力市场化交易经历了业务内容从单一到多元、交易方式由简单到丰富、参与交易市场主体以及交易规模由少到多的发展历程。

（一）省内直接交易

1. 直接交易发展历程

2002 年，国务院《关于印发电力体制改革有关问题的通知》（国发〔2002〕5 号）具有里程碑意义，首提电力用户与发电企业直接交易概念，打破电网独家购电格局，为电力市场多元化奠基，虽初期仅在具备条件地区试点，但从根本上变革了传统体制。国家电监会、国家发展改革委、国家能源局《关于完善电力用户与发电企业直接交易试点工作有关问题的通知》（电监市场〔2009〕20 号）支撑全国试点开展。2013 年国务院《关于取消和下放一批行政审批项目等事项的决定》（国发〔2013〕19 号）取消大用户直购电行政审批，加速市场化改革，激发活力与创造力。

2016 年湖北省经信委下发《关于组织开展 2016 年度电力直接交易工作的通知》（鄂经信电力〔2015〕178 号）调整交易对象规定，扩大参与范围，如协议供电与直接交易并轨等，让更多企业受益。2017 年创新"双向挂牌、双向摘牌"交易模式，获高度肯定，成交电量可观。2018 年售电公司入市，市场主体达 965 家，新能源市场化交易取得突破。2019 年合同形式创新，采用电子化合同加纸质确认单，交易用户数量大增。2020 年省内经营性用户全面入市，进一步提升资源配置效率。2021 年 4 月创新套餐交易助中小微企业入市，9 月参与绿色电力交易试点，推动低碳转型，对实现碳达峰、碳中和目标意义重大。

电力直接交易的发展历程见证了我国电力市场化改革的坚实步伐和丰硕成果。市场主体不断丰富，交易模式持续创新，交易机制日益完善，在优化电力资源配置、促进能源转型、推动经济社会发展以及助力企业降本增效等方面发挥着越来越重要的作用。

2. 市场化合同转让交易

2019 年对于湖北省电力市场而言是具有重要意义的一年。随着电力市场化交易规模的持续扩大以及交易品种的日益丰富，市场化合同转让交易首次亮相湖北电力市场，成为补充交易体系中至关重要的一环。这一创新举措为市场参与者提供了更多的灵活性和资源优化配置的途径。通过合同转让交易，发电企业和电力用户可以根据自身的生产经营状况、市场需求变化等因素，更加合理地调整电力资源的分配。它有助于提高电力市场的效率，促进资源的有效利用，使得电力市场的运行更加顺畅和高效。同时，这也标志着湖北电力市场在不断完善和发展，向着更加成熟、多元化的方向迈进，为电力行业的可持续发展不断注入了新的活力，以更好地适应经济社会发展对电力资源的需求。

3. 特色交易

2019 年，第七届世界军人运动会在湖北武汉盛大举行，这一国际体育盛会规模宏大，意义非凡。在电力供应方面，湖北省积极行动，通过一系列政策文件推动电力特色交易的开展，以保障军运会的顺利进行并实现绿色用电目标。

《省能源局关于印发 2019 年湖北省电力市场化交易实施方案的通知》（鄂能源建设〔2019〕18 号）明确提出适时组织开展绿色军运等专场交易，为军运会的电力保障指明了方向，强调了绿色、环保的理念在电力交易中的重要性。随后，《省能源局关于"迎国庆、保军运"绿色电力调度方案的通知》（鄂能源调度函〔2019〕16 号）进一步细化措施，明确开展绿色电力交易，组织水电企业与军运场馆等用电主体通过市场化交易方式消纳绿色电力。

9 月 24 日，电力交易中心积极落实相关要求，采取"集中挂牌"方式，成功组织省内水电企业与军运会运动村、媒体中心、军用机场和办赛场馆进行电力特色交易。此次交易电量达到 1397.5 万千瓦时，具有重要的里程碑意义。它实现了军运会历史上运动场馆和相关配套设施用电全部由清洁电力供应，不仅保障了军运会期间的电力稳定可靠，还展示了湖北省在推动绿色能源应用、践行环保理念方面的积极作为和显著成效。

这种电力特色交易模式，一方面满足了军运会对高质量、清洁电力的特殊需求，为赛事的顺利举办提供了坚实的电力支撑，确保了各项活动的正常运转。另一方面，也为电力市场的多元化发展提供了新的思路和实践经验，促进了水电等清洁能源在特定场景下的有效利用，推动了能源结构的优化调整。同时，它对于提升公众对绿色电力的认知和关注，引导全社会形成绿色消费、环保用电的意识也起到了积极的示范作用。

（二）发电权转让

2006 年，在节能减排被提上日程且国家发展改革委提出相关工作精神的背景下，发电权转让交易政策适时出台，旨在助力发电企业实现提高效率、降低成本和减少排污的目标。

2007 年，湖北省物价局、省经信委制定具体实施办法，明确了单机容量等符合条件的小火电机组可将发电量计划指标转让给省内大容量、低能耗、低排放且燃煤单耗更低的火电机组代发。

2008 年，电力交易中心首次组织发电权交易，标志着这一政策在实践层面的落地。

2011 年，湖北省经信委进一步细化规定，明确 30 万千瓦级及以下燃煤火电机组向 30 万千瓦级及以上大容量、低能耗、低排放火电机组转让发电量计划，且明确 60 万千瓦及以上发电机组为重点受让方。

发电权交易带来了诸多积极影响。它具有良好的社会效益和环境效益：在节约资源方面，通过优化发电资源配置，使高效机组能更多发电，减少了能源的浪费；在减少环境污染上，低能耗、低排放机组的发电占比增加，有效降低了污染物排放；在优化产业结构方面，推动了小火电机组的淘汰或转型，促进电力产业向高效、清洁方向升级；在降低企业风险方面，让发电企业能根据自身情况灵活调整发电量计划，降低运营风险；同时也为电力改革提供了实践经验和推动力量，促进了电力市场的健康发展。

（三）跨区跨省交易

湖北每年在夏冬两季电力供需形势较为紧张，跨区跨省外购电是保障全省电力电量可靠供应的重要措施，因此湖北跨省跨区电力交易主要以外购电交易为主。跨区跨省交易展现出了其在不同场景下的灵活性和重要性。它能够根据各地的电力供需情况进行动态调整，促进区域间的电力资源平衡和互助合作。

1. 跨区跨省购电交易情况

自 2009 年以来，华中区域建立水电应急交易机制，为应对四川水电汛期外送压力、减少弃水等问题，各省电力公司暂代售电方，这一举措不仅充分利用了区域内水电资源，还为规范省间交易行为创造了条件。

2012 年，湖北省按照相关办法积极消纳四川、湖南、重庆等地的减弃增发水电。2013 年，湖北首次开展与外省的西北电合同转让交易，实现华中区域内资源优化配置，还利用华中与西北联网灵宝直流购入新疆清洁电能，开启了与新疆电网的跨区跨省电力交易。2016年，落实"电力援疆"政策，推动签订能源合作框架协议，使"疆电入鄂"成为长效机制，同时购入华北低谷清洁能源。2017年，落实电力援藏政策，实现西藏水电入鄂，还探索新交易途径，开展西北低谷新能源交易。

2019年军运会期间，特增购西北、西南等地清洁能源，为军运会的环境保障作出贡献。2020年新型冠状病毒感染初期，在湖北电网保供电形势严峻时，国家电网通过祁韶直流增送西北电支援，缓解了湖北的困难。2021年7—8月，外购电量和高峰电力创下迎峰度夏新纪录。

2. 跨区跨省售电交易情况

2008年，面对秋季来水集中导致部分水电厂可能弃水的情况，湖北电力交易中心积极行动，通过合理组织，成功实现水电减弃增发电量外送，当年累计完成跨区跨省售电电量达12.03亿千瓦时，有效地避免了资源浪费，实现了水电资源的优化配置和充分利用。

到了2020年，在特殊的形势下，北京电力交易中心和华中分部交易中心给予大力支持，江西、河南、湖南等省份伸出援手，全力协助湖北消纳多余电力。这一年，湖北组织省内火电抗疫"爱心电"外送规模显著增长，达到40.58亿千瓦时，同比增长高达434%，这创下了湖北外送交易历史的最高纪录。这一举措不仅大幅缓解了湖北发电企业的经营压力，使其在艰难时期能够保持稳定运营，更重要的是保障了电网的安全稳定运行，为疫情期间的社会正常运转提供了坚实的电力支撑。

（四）市场主体管理

市场主体管理的制度与实践的不断发展推动着电力市场的有序运行和逐步完善。2014年12月，国家电网公司印发相关通知，明确了电力交易平台市场成员管理办法，实行注册管理制度，涵盖市场注册、信息变更、市场注销等业务，规定市场成员完成注册后方可参与交易，信息变化或退出时需办理相应手续，为市场主体管理奠定了基础框架。

2018年，依据《湖北省售电公司准入与退出实施细则》（鄂能源建设〔2018〕3号）要求，省能源局公布首批售电公司目录，68家售电公司经公示无异议后正式纳入，售电公司按自主自愿原则在电力交易中心办理注册手续，这一举措标志着售电侧市场主体规范化管理的进一步推进。

截至2021年年底，湖北省注册市场主体数量显著增长，达到8632家，包括1456家发电企业、107家售电公司和7069家电力用户。售电侧市场主体数量较2014年年底增长了120倍，这一巨大变化反映出市场活力的有效激发和市场主体参与度的大幅提升。

通过不断完善的市场主体管理机制，各类市场主体得以在规范的框架内参与电力交易，促进了资源的合理配置和市场的公平竞争。同时，市场主体数量的增长也为电力市场的多元化发展提供了动力，推动着电力行业向更加市场化、高效化的方向迈进。

1. 发电企业

截至 2021 年年底，湖北电力市场注册发电企业 1456 家，其中，火电企业 115 家，装机容量 3217.88 万千瓦；水电企业 1168 家，装机容量 1244.75 万千瓦；风电企业 61 家，装机容量 539.13 万千瓦；太阳能发电企业 112 家，装机容量 563.93 万千瓦。

2. 电力用户

2014 年，湖北省相关部门采取举措推动交易进入直接交易阶段，为电力用户与发电企业直接交易提供了规范，开启新阶段。2018 年，国家发展改革委通知放开四大行业全量进入市场，扩大用户参与范围，增强市场活力。2019 年全面放开经营性用户，拓展市场边界，提升资源配置与市场效率。2021 年推动工商业用户进入市场，使市场更完善成熟。至此，电力用户群体壮大，参与度提高，在市场中作用越发重要，有力推动行业发展。

3. 售电公司

2018 年首批 68 家售电公司入市，截至 2021 年年底，交易中心开展 7 批注册工作，受理近 200 家申请，完成注册 117 家，含外省推送的 13 家，10 家自愿退出并注销，目录名单有 107 家，包括 2 家有配电网运营权和 105 家独立售电公司。2019 年试行"无纸化注册"，依细则核验材料，联合部门调研考评，经湖北省发改委和能源局公示名单，进一步推动市场多元化。

（五）履约保证

在电力市场发展中，履约保证举措不断创新优化。2019 年湖北制订售电公司履约保函管理规范，收取 5213 万元保证金防范违约风险。2020 年创新推出售电履约保险，开出首张保单，6 月首张电力交易领域履约保证保险在湖北开出，年底收取 5560 万元保险金，为企业降低成本 200 余万元。2021 年优化管理模式，推行线上退回履约保函。这些履约保证举措在保障交易顺利进行、维护市场秩序、降低企业成本等方面发挥了重要作用，促进了电力市场的健康、稳定发展，为市场主体提供了更加可靠的交易环境。

五、结算业务

结算业务反映交易的结果，是电力交易中心的一项重要工作内容。随着政策调整、业务范围变化以及技术进步，结算规则由"耦合方式"调整为"发用解耦"，结算手段由线下发展到线上，结算业务量也有了几何级数的增长。

（一）结算业务发展沿革

2006 年电力交易中心发布一系列管理办法，完成统调购售电结算，奠定制度基础。

2007 年以交易大厅挂牌为契机，开展月度电量结算，打造服务窗口。2008 年研究 TMR 数据如何结合推进结算实用化。2014 年依据通知首次开展电力直接交易结算。2021 年依托平台实现多种功能应用，达成"月结月清"及全流程线上化服务目标，实现"业务零差错、结算零争议、服务零投诉"的目标。

截至 2021 年，湖北电力交易结算业务从制度建设、服务模式创新到技术应用拓展，历经多年发展，已形成一套完善、高效、便捷的体系，为电力市场的稳定运行和健康发展提供了坚实保障。

（二）市场化交易考核规则

2015 年前，协议供电模式有着特定的电费结算方式，政府性基金及附加由电网企业代收。2015 年开始，电力直接交易电量结算有了更明确的考核测算方式，对用户用电量低于合同约定电量的违约金实施减半处理并调整发电企业年度发电计划，2016 年又进一步放宽用户实际用电量偏差考核允许值至 $\pm8\%$，按季度预考核结算、年度清算。

2017 年对电力直接交易用户用电量考核再次调整，取消超高限考核，明确低于合同电量的允许偏差及处理方式。2020 年，电力用户和售电公司以及发电企业的电量偏差允许范围均有所放宽，合同电量结算执行"月度结算、按交易周期清算"。到了 2021 年，电力用户和售电公司电量偏差允许范围进一步调整为 $+5\%\sim-3\%$，发电企业电量允许偏差范围为 -3%，合同电量结算执行"按月结算、按月清算"，还首次采取"发用解耦"方式结算。

这些不断变化的考核规则，旨在更好地适应市场发展的需求，平衡各方利益，促进电力市场的公平、有序运行，提高资源配置效率。

六、市场服务

电力交易中心立足市场主体需求，从对外窗口建设、管理机制规范、服务体系优化等方面深度发力，市场透明度、满意度得到大大提升。

交易大厅建设及运营方面，电力交易中心于 2018 年 7 月依据国家电网公司文件规定，在多平台发布"八项承诺"并严格执行，促使服务水平显著提升。

市场主体培训工作成效显著。自 2017 年起，为适应改革形势，保障市场发展，在培训范围上实现全覆盖，全面涵盖各类市场主体；培训内容实用化，全面涵盖全链条业务流程；培训形式多样化，通过多种渠道采取"线上 ＋ 线下""授课 ＋ 交流"方式，极大地提升了培训满意度，助力市场主体掌握知识与政策流程，确保交易高效开展。

多元化服务举措丰富。2019 年出台多项文件，推行客户经理制和首问负责制，增设便民设施，利用多种方式提供问询答复服务，明确了流程及时限，建立微信群，制作发放多种资料，帮助市场主体了解政策与改革成效，市场满意度得以大幅提高。

信息披露工作规范有序。2021 年 6 月，为落实相关要求，推动市场透明化，电力交易中心协同多部门，参照重要文件编制管理办法，为湖北电力市场信息披露提供了制度保障，促进了市场的规范运行。

第九节　购电管理

公司电力交易中心牵头负责购电管理工作，非直购电厂一般由县公司调度管理，直购电厂由省公司统一管理，电压等级 110 千伏及以上的电厂称为统调电厂，由省公司统一调度结算，35 千伏及以下直购电厂称为非统调电厂，由地市公司统一调度，地市公司配合省公司进行结算。购电管理工作大致可分为两个阶段：

一、"三集五大"之前的购电管理

2013 年 11 月之前，购地方电厂电量由发展策划部归口管理。随着国家电网公司"三集五大"管理体系的推进，之后改由电力交易中心归口管理。

（一）部门职责

电力交易中心的相关主要职责是：负责公司统调电厂购电管理工作，编制月度购电及交易计划，组织开展购电分析；负责组织跨区跨省电力交易；负责购售电合同、输电合同、电力交易合同的备案、履行跟踪等管理；负责短期电力交易合同的起草、签订、备案、归档等管理；负责发电侧购电、发电权交易及跨区跨省交易等电能结算工作；负责组织开展购电与交易服务工作；负责开展电力交易与市场秩序规范工作；负责协调有关机构管理市场主体交易行为；负责协同推进电力交易运营系统的建设与管理。

发展策划部的相关主要职责是：负责电力市场交易电量年度计划管理；负责配合政府部门组织大用户协议购电交易、发电权交易；负责购售电合同、输电合同、中长期电力交易合同的起草、签订、归档等管理；负责统计的归口管理，及相关统计数据发布。

调度控制中心的相关主要职责是：负责发电厂并网运行管理。

财务资产部的相关主要职责是：负责上网电价的分析、预测、调整等管理工作，争取电价和收费政策；负责购电费核算与管理；负责电价测算与研究，收费政策研究。

（二）购电管理流程

湖北电网购电管理工作分为合同签订与计划编制、操作执行、结算与分析三个环节。

合同签订与计划编制环节包括：中长期和年度购电合同的签订，年度发购电计划的建议和下达，月度发电调度计划、月度交易（购电）计划的编制与下达，日发电计划的编制与调整。

操作执行环节是指电网调度部门在保证电网安全稳定运行的前提下，负责执行对发电企业的购电计划和跨省跨区电能交易计划。

结算与分析环节包括：对发电企业上网电量和湖北电网跨区跨省购售电交易电量的审核、确认和结算工作；计算公司购电量、价、费等指标情况，分析预测发展趋势，为公司购电经营决策提供数据支撑。

（三）信息支持系统

2007年开始湖北电网电力交易中心作为国网系统首批试点单位之一，开始进行电力市场交易运营系统建设，后经过验收并投入运行。通过交易系统实现了完全基于TMR自动电量采集开展的发电企业月度网上结算单轨制运行；开展了交易运营系统网省纵向业务数据交换，为拓展全口径业务管理应用奠定了基础。

2014年3月份湖北电网电力交易中心组织开发了网省纵向贯通平台并启动，该平台在7月28日正式上线。实现了以下目标：①理清湖北交易中心计划、交易、结算和华中交易、华中调度和湖北省调度之间的关系及业务流程，了解数据的处理和流向；②实现湖北电网与华中分部交易计划、交易执行、交易结算等数据贯通；③深化电力交易计划、执行分析，为合理制订和落实电力交易计划、结算做参考；④深化电力交易计划、执行、结算统计分析，为结算快报、预结算、终结算打基础。

二、"三集五大"之后的购电管理

根据国家电网公司"三集五大"体系结构设置的相关要求，建立公司本部、地市供电单位、县市供电单位购电一体化管理体系。

（一）职责调整

2014年，将原来由发展策划部门管理的并网、结算、注册、合同及购售电协议签订等购电业务调整至营销部门，明确营销部是供电单位购电管理工作的归口管理部门，在地市公司和县公司设立专职或兼职专责岗位，组织相关业务部门开展购电管理工作，并协助交易中心工作，形成了省、市、县三位一体的购电管理体系。

2021年，根据国家发展改革委、国家能源局印发《关于推进电力交易机构独立规范运行的实施意见》及国家电网公司印发《关于推进电力交易机构独立规范运行实施方案》等文件精神，购电管理相关业务从营销部门移交回发展策划部门管理。

（二）开展两类特殊购电业务

除了日常购电业务外，公司还开展以下两类特殊购电业务：

（1）跨区跨省交易。跨区交易是指区域电网之间电能交易和跨区电源的消纳交易，跨省交易是指区域内省间电能交易和区域内跨省电源的消纳交易，外送电交易是指省（网）内发电企业向省（网）外送电交易。以上统称为"跨区跨省交易"。跨区跨省交易按时间跨度分为年度、季度、月度、短期（三天以上）、临时（三天以内）及实时交易。

每年 12 月，交易中心与相关部门协商一致，根据下年度电网电力电量平衡情况和电网运行情况，向国家电网电力交易中心上报跨区跨省交易意向及建议等信息，负责协调、落实、签订年度跨区跨省交易合同。

2019 年，电力交易中心积极参与省间电力交易，争取跨省跨区通道空间，充分发挥市场机制作用，力争合理购电价格，全年外购电量 68.4 亿千瓦时，同比增长 8.02%，降低购电成本 6.54 亿元。

（2）发电权交易。发电权交易分为关停机组发电量计划转让及在役火电大代小替代发电两类。发电权交易根据湖北省经信委下达的各发电企业当年的年度电量计划及调整计划，在省经信委下达年度发电计划电量后，由出让方、受让方向公司提出申请。发电企业的发电量计划指标转让申请原则上一年申报一次。有意出让发电量计划指标的火电企业将相关信息报送公司，同时抄送省经信委、省物价局。公司调控中心负责对发电权交易进行安全校核。公司交易中心在与公司发展策划部、调控中心协商后，提出发电权转让建议方案，报经省经信委、省物价局批准后组织实施。

2019 年，电力交易中心组织抽蓄电站与西北新能源发电企业开展跨区发电权转让交易，完成交易电量 5.08 亿千瓦时；在省内积极组织燃煤发电企业"以大带小"发电权交易，交易电量 11.73 亿千瓦时，有力推进发电企业节能减排。

（三）新一代信息支持系统

根据国家电网公司相关安排，2020 年年底前上线新一代电力交易平台。为此，电力交易中心加强交易平台运行维护和个性化功能研发，全力提升平台接入能力、数据处理能力和安全防护能力，交易平台可用率达 100%。采用"交易公告＋承诺书＋交易结果"的形式，实现市场化交易合同电子化，大幅提高合同签订效率。实现市场化交易在线结算，推进直购非统调电厂结算功能深化应用。加强计量点档案匹配、用户注册信息核对工作，有效提高交易平台业务数据质量。其中，国网黄冈供电公司、国网襄阳供电公司积极开展平台数据治理，效果明显。新一代电力交易平台顺利投入使用，购电信息化工作得到进一步加强。

（四）新能源购电服务

2012 年起，光伏产业处于起步阶段。随着国家对新能源特别是光伏发电补贴力度的加大，光伏发电规模迅速扩大。公司电力交易中心积极应对，将 6 兆瓦及以上的光伏电站作为直购电厂，由地市公司营销部门受理并网，并与省公司直接签订购售电合同，由省公司结算购电费及补贴，6 兆瓦及以下的分布式光伏作为非直购电厂，由县公司营销部门受理并网，并与县公司签订购售电合同，由县公司结算购电费及补贴。抄表业务实行属地化管理，每月 1 日上报省公司。并网调度协议的签订及调度划分根据电压等级进行确定。

截至 2023 年 12 月，黄冈市新能源装机容量占总装机容量超过 60%，其中分布式光伏装机容量达 157 万千瓦，占总装机容量的 14.56％，已并网风电 22 座，光伏电站 69 座，分布式光伏项目 37133 个，数量居全省前列。

第十节　营销稽查与用电检查管理

营销稽查与用电检查业务是电力行业的重要组成部分。营销稽查着重对电力营销业务进行全程监督，涵盖电力销售、电费计量收取及客户服务等环节，通过分析营销数据，发现诸如电量异常、电费计算差错、违规用电等问题，确保营销活动合规准确，防止企业效益流失，提升客户满意度与信任度。用电检查业务聚焦用户侧用电安全与合规性。检查人员对用户用电设施设备定期或不定期检查，保障符合安全标准，预防电气事故，同时查看用电行为是否合法，有无窃电、违约用电等情况，发现问题督促整改，维护供用电秩序。这两项业务是行业可持续发展的关键支撑。

一、营销稽查

2002—2006 年，用电稽查科升级为营销部稽查处，各地市公司相应成立用电稽查机构并历经名称变更，组织领导不断加强。2007 年体制改革后，地市公司成立营销稽查中心，兼具管理与生产职能，且公司下发建设规范，各地市健全机构，区（县）供电公司设稽查大队，供电营业所设稽检班，人员规模达千余人。

随着"三集五大"改革，2012 年地市公司营销稽查中心变为客服中心稽查信息室，2013 年又并入客服中心营业及电费室，公司营销部稽查处也并入客服处。这些变化反映了营销稽查在不同阶段为适应电力行业发展和改革需求所做出的调整，其目的始终是更好地规范电力营销工作。

（一）三级稽查

"三级稽查"网络即省对市、市对县、县对所的稽查模式，包括营业普查、网上稽查、跟班稽查和专项稽查等多种方式，重点稽查营销工作质量。

2012 年稽查监控系统上线，三级稽查监控体系初步建成，通过设定主题和自动生成清单实现闭环管控，提升管理质量。虽因"三集五大"改革有所弱化，但随着精益化管理推进，2020 年重构组织体系，强化支撑能力，落实主体责任，建成"三级联动""三位一体""双闭环"的新体系，充分发挥靶向功能，全面强化了三级稽查体系。截至目前，三级稽查不断发展完善，为保障电力营销工作的规范、高效开展，以及提升公司整体运营水平和服务质量发挥了关键作用。

（二）营业普查

营业普查以营销监控系统为依托，分阶段、多形式开展，涵盖多个专业，有着严格的指标要求。2009—2010 年，通过梳理多方面主题疑似异常清单进行普查，实现合理增收并发现大量问题，还查处了典型的违约用电行为。2011—2012 年，围绕四大主题开展活动，实施闭环措施提质增效，开展专项稽查纠正差错，在多个领域进行调研并推动相关政策出台。

营业普查范围覆盖全省直管营业单位，在规范用电市场秩序、保障企业合法权益、促进营销工作质量提升等方面发挥了重要作用，为电力行业的稳定运营和健康发展提供了有力支撑。

（三）营销违规行为整顿

公司通过下发通知重点加强"三低一超"管理（农排、分时、基本电价低，变压器低谷超容），对相关问题单位实行严格的制度。在整顿过程中，基本电费增收可观，查处分时超容客户获得良好收益，同时打破基层不良现状，遏制管理漏洞，发现并整改大量问题，考核处理众多责任人。借助营销稽查监控平台，对众多主题和指标进行在线监控稽查，发起大量稽查任务。截至 2013 年年底，系统工作质量异常数量大幅减少。此次整顿有效规范了营销行为，提升了管理水平，保障了企业利益和市场秩序。

（四）疫情防控电价电费专项稽查

2021 年，公司积极开展疫情防控电价电费专项稽查工作。借助数据中心和大数据分析技术，构建智能系统，梳理异常清单并通过移动作业平台派发任务。全面稽查各单位疫情防控期间电价电费优惠等重大工作部署落实状况，累计派发大量工作任务单等。形成了独特的监管模式，即营销稽查负责监控分析异常，各专业参与查实问题整改管控。专项行动成果显著，累计查实处理问题过万件。此次专项稽查有力保障了疫情防控期间相关电价电费政策的准确执行，维护了电力用户的权益，同时也提升了公司营销业务质量监管水平。

二、用电检查

用电检查在电力体制改革前后经历了职能转变。改革前为用电监察，改革后政企职能分开，保留了企业用电检查职能，以维护企业和客户权益及用电安全。为规范用电检查行为，公司据原电力工业部颁发的《用电检查管理办法》制定实施细则，明确工作职责等内容。2016 年该办法废止后，公司依据《中华人民共和国电力法》，在供用电合同中明确了双方用电安全责任及检查内容。

用电检查始终是保障供用电秩序和安全的重要环节，它不断适应法规政策变化，规范自身行为，在维护电网稳定运行、保障电力客户合法权益方面发挥着关键作用。

（一）用电检查管理

国家出台的一系列电力法律法规为用电检查管理提供了坚实保障。2002—2015 年，公司以营销监控平台实用化和规范流程为切入点，提升工作质量，严格依据相关实施细则开展全面检查工作，内容涵盖多个方面。

用电检查人员实行资格认可制，分不同级别对应不同检查任务，且人员数量在不同时期有相应变化。

在煤矿高危用户隐患排查整治方面，公司积极响应国家通知，深入参与专项工作，针对多种安全隐患开展检查与治理，采取了关停小煤矿用电隐患治理等措施。

对于重要电力用户隐患排查治理，公司按照国家电网公司要求持续推进，不同年份开展相关工作，排查出大量安全隐患，及时发放整改通知书并督促整改，同时还配合政府部门联合开展检查。

截至目前，用电检查管理工作不断完善和加强，为保障电力系统安全稳定运行、维护用户合法权益持续发挥了重要作用。

（二）用电安全检查服务

国家电网公司明确了用电安全检查服务分类和要求，2016—2021年，公司积极践行。定期安全服务方面，公司按规定和实际制定检查计划并实施。专项安全服务中，坚持每年开展春、秋季安全检查；特殊性安全检查服务则紧密围绕重要保电任务有序展开。

其间，公司多项工作取得显著成效。2017年编制《重要客户供用电安全管理实用化工作手册》及配套视频，有效规范管理流程并提升工作效率。2018年对重要敏感电力用户全面排查治理安全隐患，从多方面深入排查并及时整改，使得相关配置合格率和隐患整改率均有所提升。2020年规范开展重要客户定级工作，核定各类重要客户数量及分布情况。2021年严格实施新设备入网零隐患制度，全面开展供用电合同规范性排查并完成续签工作，同时强化专变用户安全隐患排查，推动多地政府出台相关政策文件，持续开展高层建筑用电隐患排查，建立台账梳理情况，保障疫情防控场所供电可靠，成立专班保障重点客户，编制方案确保稳定供电，还协助疫苗生产企业排查整治隐患。

截至目前，这些工作仍在不断完善和推进中，充分体现了国网湖北电力对用电安全工作的高度重视，有效提升了客户用电安全水平，为社会生产生活的正常运行提供了坚实保障，有力促进了电力行业与客户的良好互动和共同发展。

（三）反窃电

反窃电工作在维护供用电秩序和安全方面具有重要意义。2002年，面对窃电现象猖獗的严峻形势，反窃电法制建设的需求迫切。国网湖北电力转发了相关文件，明确了供电企业在用电检查时的权利及法律行为能力等问题的解释。随后，湖北省政府积极作为，先后出台相关通知和条例。其中，2003年的通知及2007年1月施行的《湖北省预防和查处窃电行为条例》，为反窃电工作提供了强有力的法律支撑。这些举措有效保障了供电企业的合法权益，规范了用电行为，为营造良好的供用电环境奠定了坚实基础。

1. 舆论打击多措并举

反窃电舆论宣传在反窃电工作中起着关键作用。通过开展"电是商品、依法用电、窃电违法、窃电可耻"的宣传活动，充分利用报纸、广播、电视等多种新闻媒介，以丰富多样的形式进行法律法规宣传，旨在增强公众的法律意识，发动群众积极检举窃电行为，从而营造全社会反窃电的良好法制氛围。

在实际行动中，公司组织了多层次的反窃电行动。地市公司每月 1 次开展集中行动，县区公司每月 3 次进行巡查，基层站所每周 1 次实施检查，始终保持高压态势。同时，加强与政府及公安部门协作，加大执法力度，严厉查处窃电行为。此外，公司还开展省级反窃电实验室建设，进行人员实训，建立了专家库和联合查处机制，有效提高了高智能窃电案件的查处效率。并且，按照国家电网公司的部署，公司与征信中心合作，将窃电用户纳入征信体系，强化震慑力和结果应用。

2. 深入开展反窃电行动

反窃电行动是公司维护供用电秩序的重要举措。2006 年，公司开展集中反窃电专项活动，成立工作组，组织多部门联合行动，同时加大宣传力度，成功查获大量违约和窃电用户，增收显著。其间，公司还破获跨省遥控窃电案，有力打击了犯罪分子。

2010 年，公司进行专变智能防窃电改造，通过应用系统查获窃电户和计量故障，再次实现增收。2014 年，公司利用大数据搭建平台，推广智能装备，精准打击窃电行为。2018 年，公司开展提质增效反窃电行动，完善机制，提升队伍水平，推进问题处置闭环"五到位"，深化警企联动合作，开展技能运动会和培训。2019 年，国网武汉供电公司查处"比特币挖矿"窃电典型案例。全省范围内，公司查获了众多窃电及违约用电行为，成功追补电量电费，挽回经济损失。警企联动成效显著，在国家电网公司系统对标评价中排名前列。这些反窃电行动持续进行，不断创新方法和加强合作，有力保障了电力企业的合法权益，规范了用电市场秩序，为社会营造了良好的用电环境。

3. 丰硕的反窃电成果

在反窃电工作中，公司取得了显著成果。2015 年，国网武汉供电公司通过专变智能防窃系统和群众举报，成功查获了永丰乡米粮村四通绝缘材料厂的重大窃电案。该厂私装变压器，不仅自用还供周边工厂用电并违规收取电费，时间长达五年，涉案金额巨大。最终，相关犯罪分子受到了法律的严惩，此事也被媒体广泛报道，起到了警示作用。

2017 年，国网武汉供电公司利用大数据技术搭建平台，查处大量低压用户窃电案件，追补的电量和金额均十分可观，且窃电诊断准确率较高，该成果还多次获奖并获得广泛认可。

2018 年，国网随州供电公司建成移动式计量监测平台用于反窃电，该平台具备多种功能和采用先进手段，能精准筛选窃电行为。公司研发的诊断仪可快速锁定窃电户，使得稽查效率得到大幅提高，且案件查处准确率达100％。

这些反窃电成果彰显了公司在技术创新和打击窃电行为方面所付出的努力与取得的成效，有效维护了电力市场秩序，切实保障了企业合法权益，同时也为其他地区的反窃电工作提供了借鉴和示范，推动了反窃电技术的不断发展和应用。

第三章

电 费 管 理 实 践

电费管理作为电力供应体系中的重要环节，不仅关系到电力企业的运营效益，也直接影响着广大用户的用电成本和体验。随着科技的不断进步和电力市场的逐步发展，传统的电费管理模式已不能满足业务和市场的变化，电费管理面临着新的挑战与机遇。一方面，智能电表的广泛应用、大数据分析技术的崛起以及新能源的不断接入，为电费管理带来了更高效、精准的手段；另一方面，用户对电费的透明度、计费合理性的要求也在不断提高。

电费核算在"三集五大"体系建设的推动下经历了市级集中，并逐步向省级集约发展，这对核算体系和人员素质都提出了更高要求。不断增长的用户数量给旧的对账体系带来巨大压力，在实现"省级直收"的同时如何提高自动对账率，防范资金风险，促进资源整合，加强监管也逐渐成为研究的课题。

本章将深入探讨电费管理实践，对电费核算管理和电费账务管理两个方面的实践内容进行详细阐述。通过对实际案例的分析和经验总结，为供电企业提升电费管理水平、确保资金安全和稳定运营提供有益参考，同时也为用户合理用电、降低电费成本提供有效建议。

第一节　电费核算管理实践

公司电费核算集中经历了两次，一次是 2010 年前后，电费核算发行从县公司集中到市公司；另一次是 2023 年前后，电费核算发行从市公司集中到省公司。现从项目背景、主要做法和重要启示三个方面将两次电费核算集中的方案拟定和具体实施工作，有关实践分享如下。

电费核算管理实践一：如何开展第一次电费集中核算

（一）项目背景

1. "三集五大"体系建设的推动

资源集约化需求：国家电网公司提出的"三集五大"战略，强调对人力、财务、物资等资源的集约化管理。电费核算市级集中是实现营销资源集约化的重要举措，将分散在各县级供电单位的电费核算业务集中到市级层面，能够更好地整合资源，提高资源利用效率，降低管理成本。

管理标准化要求："三集五大"体系建设旨在建立统一、标准的管理模式。电费市级集中有助于制定统一的电费核算标准、收费流程和管理规范，避免各县区供电单位之间标准不统一、管理不规范的问题，提高电费管理的标准化水平，增强管理的规范性和科学性。

2. 营销管理模式创新的需要

传统管理模式的弊端凸显：以往分散式的电费管理模式存在诸多问题，如电费职能分散，各县区供电单位自行负责抄表、核算、收费等工作，缺乏统一的管理和监督，容易出现管理漏洞和差错。而且数据的准确性、时效性难以保证，业务流程也不够统一和优化，影响了电费管理的效率和质量。

适应客户需求的变化：随着电力市场的不断发展和客户对电力服务要求的不断提高，亟须建立更加高效、便捷、准确的电费管理模式。市级集中管理可以促进电费管理的专业化和精细化，提高服务质量和效率，更好地满足客户的需求，提升客户满意度。

3. 信息技术的迅速发展

数据采集与传输技术的进步：智能电表、用电信息采集系统等技术的广泛应用，使得电力数据的采集和传输更加准确、及时、高效。这些技术为电费市级集中管理提供了数据基础，能够实现市级层面对各县区供电单位的电费数据的实时采集和集中管理，便于进行数据分析和监控，为电费核算、统计、分析等工作提供了有力支持。

信息系统的不断完善：国家电网公司不断推进营销信息化建设，建立了完善的营销业务应用系统。这些信息系统为电费市级集中管理提供了技术平台，能够实现电费业务的信息化处理、流程化管理和智能化监控，提高了管理的效率和准确性。

4. 电力体制改革的要求

市场竞争的加剧：电力体制改革不断深化，电力市场逐步放开，售电侧竞争日益激烈。供电企业需要不断提升自身的管理水平和服务质量，降低成本，增强市场竞争力。电费市级集中管理可以优化电费管理流程，提高电费回收效率，降低电费管理成本，为供电企业在市场竞争中占据有利地位提供有力支撑。

监管要求的提高：电力体制改革后，政府对电力行业的监管力度不断加强，对供电企业的电费管理、服务质量等方面提出了更高的要求。电费市级集中管理有助于提高电费管理的透明度和规范性，更好地符合监管要求。

（二）主要做法

1. 组建完善有效的组织机构

建立完善的组织机构。国家电网公司明确提出，以地市公司为集中核算单位，对全市电费进行集中核算，实现营销工作的集约化、专业化管理，有效保证电费的及时准确核算，但前提是要组建一个健全的组织机构体系。组建怎样的一个机构体系才能满足电费集中核算工作的需要呢？从工作需要出发，地市公司营销部应统一领导、协调电费集中核算工作，在地市公司成立电费管理中心，按照县（市）公司分成若干个核算班组，组织执行全市电费集中核算工作，同时在地市稽查部门增加相关班组履行核实职能；县公司层面，应在"一科三中心"（营销科、电费管理中心、计量中心、客户服务中心）增加异常情况处理机构；供电所层面，在营业班增加上级转来的异常问题处理职能。

配备适当的核算人员队伍。按照国家电网公司要求，每个核算员每月约承担 4 万户电费集中核算任务，要按时保质完成电费核算工作，必须配备精干的核算人员队伍。在地市电费中心，必须选拔有责任心且核算经验较丰富的工作人员从事电费集中核算工作，其他联动部门（单位）也要确保人员素质。为提高核算人员的工作效率和能力，可开展各种形式的技术比武，也可以针对不同岗位开展培训工作，以满足集中核算工作的需要。

2. 档案信息准确、完整

正确完整的客户档案信息是电费核算工作的基础，因此，做好档案信息清理工作十分重要。应重点清理哪些信息呢？对于低压用户来说，主要是清理其抄表例日、计量装置信息、电价码、定量定比等信息。对于专变用户来说，主要是清理变压器型号及容量、变压器主备性质、计量方式或性质（高供低量还是高供高量）、用电性质、电压等级、定量定比、电价码、计量装置信息、抄表例日等信息。

进行信息清理时，一定要确保用户现场信息、合同信息、系统档案信息三种信息的一致性。因此除需做好系统信息与现场信息核对清理外，还须做好供电合同信息清理。因为合同是供用双方以条款的形式对用户主要信息进行了描述，并且规定了双方的权利与义务，囊括了电量计量、电价执行、电费计算等与核算相关的核心信息。做好合同信息清理与维护工作，对于保证核算工作质量和减少纠纷，维护企业利益都是十分重要的。

加强动态业务审批，确保档案信息及时准确更新。由于用户的生产经营存在一定的变化，企业对用电的需求也会发生变化，从而申请暂停、减容、增容等变更业务。供电所受理用户动态业务变更时，应及时在营销系统中发出业务变更申请，提交审批。各级审批人员应按照变更业务办理流程规定进行核实，有重大疑义的提交稽查或计量等部门现场核查，及时完成业务变更工作，并立即更新系统档案信息，变更合同相应条款，以保证计费档案信息的真实性。

3. 严格把好电费发行关

开发电费集中核算辅助平台，提高集中核算效率和效果。国网 SG186 营销业务系统与原系统比，功能得到大幅加强：在审核电费清单时，能按电量电费大小顺序排序，可以实时查询客户各项历史数据，可以轻松发现突增突减或其他异常情况，必要时还可以查询客户档案信息。但要提高工作效率和效果，应结合新系统特点，开发电费集中核算辅助平台，以解决新系统存在的不足：如电费集中核算审核电费清单时，不能根据变压器运行状态提示电量异常；因核算员每天核算抄表段上百册，审批待办事项时，不能按照供电所筛选待办工单，工单查找困难；抄表册查询时不能按所导出抄表册明细，只能导出当前页抄表段信息等等。开发电费集中核算辅助软件时，还应考虑电费核算工作单的自动产生和自动传递，实现数据处理与数据分析的智能化，大幅提高核算工作效率。

严格审核电费清单，把住电费发行的最后关口。在审核客户清单时，采取区别对待的工作方法：在低压客户电费审核时，采取"抓大放小"和突增突减或异常情况不放过原则，即对一定电量或电费额以上的客户进行逐户审核，对突增突减或异常情况要向被审核单位下达电费核算工作单，要求进行核实，电量或电费额度较大的，应转入稽查等部门进行核实；对零度户要建立定期分析制度，及时辨析抄表质量；对定比客户且低价电量较大而高价电量偏小的用户也要重点审核。在审核专变用户电费清单时，重点对 11 项信息进行审核：零度户、电量电费突增突减、低价电量、分表与总表电量的一致性、变收的收取、力调电费执行、基本电费执行定量定比执行、分时减收、负值电量等。对审核专变用户清单中发现的电量电费突增突减或异常情况，要及时转至各联动部门分级核实。

计费清单审核完且异常情况处理完毕后，要对应收日报进行审核，如发现异常情况应填写《电费核算工作单》，转交联动部门核实。日报审核完毕后即可进行电费发行。

4. 实行部门联动

电费管理中心核算出的异常情况和变更业务的正确处理是保证应收电费发行不可或缺的控制过程，如何控制？供电企业应充分利用各级营销组织体系，互通信息，层层把关，实现营销闭环管理。

电费核算员将核算出的异常情况按单位汇兑，并按照异常情况的类别分别填写《电费核算工作单》，将明细作附件，对于一定电费金额以上的，传递给同级稽查部门或计量部门各单位营销部门进行实地核实，低于一定金额传递给各单位营销科，再由营销科根据实际情况将《电费核算工作单》转发给县公司稽查部门、计量部门、供电所。各级营销部门要按时对电费核算工作单提出的问题进行现场核实，逐级上报至市公司电费管理中心核算员修正，形成了一个有序的营业工作质量闭环控制系统，促进了营销数据的高度共享，实现了营销人力资源的充分利用，提高了发现问题和解决问题的能力，保障了营销数据的真实可靠。

5. 建立健全工作质量监督机制和奖惩考核机制

抄表工作质量是电费核算工作的重要组成部分。抄表工作质量的高低决定核算工作能否顺利进行，影响核算工作质量，因此要加强抄表质量跟踪分析。要加强抄表例日的监管，不得随意变更抄表日期，保证按计划抄表；要加强零度户监管，避免漏抄，杜绝电量流失；要加强对抄表员电量清单审核质量跟踪，把好电量初审关；要加强电量异动情况的分析，及时纠正抄表差错。

电费监管人员应加强对电费核算工作质量进行复核和检查。核算员对计费清单进行审核后，电费监管人员要对普通用户的核算结果进行抽查，对大户逐一核查，并通过营销整合系统等平台获取核算质量信息，对核算差错、零度户比重、基本电费等电价执行情况、故障换表电量的追补情况等指标进行实时跟踪分析，实时纠正差错，不能实时纠正的要及时反馈给相关单位或人员在下一核算周期纠正。电费监管人员应将电费集中核算工作质量进行认真汇总分析，针对问题提出整改措施，并建立定期通报制度。

电费管理中心转相关联动部门核实的工作单，是营业过程中出现的异常情况集中体现，有利于发现并纠正经营管理漏洞，因此，各联动部门必须履行职责，及时对异常情况进行现场核实，并将核实结果真实地反馈给电费管理中心。地市公司营销部营业专责应对部门联动情况进行巡查，定期督促各类工作单按时保质回复，将联动工作质量纳入营销工作质量考核体系。

为使电费集中核算工作有序运转，制定科学的奖惩制度是重要保障。要将抄表、核算各关键环节中的涉及的指标纳入营销全面精细化系统进行考核，将各类差错全部进行细化到户或具体事件，对于存在主观错误的，要责任到人，除在全地市范围内进行通报外，还要进行经济处罚。对工作质量处于领先地位的单位或人进行表彰奖励，调动员工的工作积极性，全面提高电费集中核算质量。

（三）经验启示

依照国家电网公司营销"一部三中心"建设的构建思想，要着力打造一个扁平化管理平台，全面保障电费信息的真实可靠性，切实控制电费各环节风险，杜绝管理漏洞。电费集中核算能够及时发现各种异常情况并在营业过程中处理，是供电企业保证应收电费正确发行的创新举措。但在电费核算市级集中后，县公司电费账务核算人员不足、营销基础资料不完善等问题也相继暴露，仍需继续巩固创新成果。

1. 人员配备与职责需明确

在电费核算市级集中后，县公司电费账务核算人员不足的问题愈发突出，这使得市级电费核算员与站所人员的直接联系运作模式效果大打折扣。基层站所人员频繁变动，素质和责任心参差不齐，导致工作现场的管控质量不高，进而影响了营销系统基础资料的准确性。

应依据营销 2.0 组织架构设计方案，明确省、市、县各级电费核算岗位的职责。对于县公司，要清晰界定营业班初审及现场核实职责，在人员配备不足时，可考虑让营业专责兼任相关工作，以此保障工作流程的顺畅和基础资料的准确。

2. 台区信息与系统需融合

在抄表段划分和台区信息管理中，由于无法获取台区实时定位信息及线路运行图，人工干预较多，台区信息智能化程度低，营销系统中客户基础信息与实际资产设备状况的同步不及时。特别是客户档案更新或改类时，无法核实具体原因和内容，缺乏规律性，影响了集中核算效率。

要加大营销系统与其他系统的融合力度，积极探索通过技术手段实时推送台区线路、设备铭牌等实时信息，同时及时更新试算规则，以提高试算质量，让信息的准确性和及时性成为提高核算效率的有力支撑。

3. 市场化直购电电费核算能力需加强

市场化直购电交易用户审核所需基本要素资料缺乏，严重影响审核质量。要增强与电力交易中心的沟通协调，为核算人员提供参与市场交易规则培训学习的机会，提高核算人员在市场交易方面的新知识储备，从而提升审核质量，适应市场化交易的复杂需求。

4. 电费核算与稽查业务协同需加强

在与稽查部门的协作中，存在界面不清的问题。核算人员基本不到现场开展专题核算核实延伸管理，仅依靠营销系统数据进行审核判断，有疑问时依赖稽查部门核实，问题难以形成闭环。这导致核算人员依赖思想严重，核算业务的深度和广度难以提升，缺乏发现和解决问题以规范行为的能力。

随着电费核算省级集中和营销 2.0 系统上线，要修订当前电费核算市级集中运营模式。市级电费核算人员需定期到现场开展专题核算延伸培训，并持续更新电费核算典型案例库。此外，要加大核算员系统查询权限，如线损管理、台区电量、电费分级查询以及高低压零度户查询等，以便及时发现客户异常电量电费，保障核算工作的高质量开展。

电费核算管理实践二：如何开展第二次电费集中核算

（一）项目背景

1. 政策要求

2021 年 10 月，国家发展改革委先后印发了《国家发展改革委关于进一步深化燃煤发电上网电价市场化改革通知》（发改价格〔2021〕1439 号）《关于组织开展电网企业代理购电有关事项的通知》（发改办价格〔2021〕809 号），市场化改革进入新阶段，对客户电费核算工作提出更高要求。

根据《国家电网有限公司关于印发〈电力市场化交易电费结算业务基本规范（试行）〉的通知》（国家电网营销〔2020〕462 号）《国网营销部关于印发〈2021 年电费抄核收业务自动化智能化提升工作安排〉的通知》（营销营业〔2021〕6 号）等文件要求，

需要加快适应市场化改革，进一步提升电费核算业务水平，提升电费抄核业务自动化作业水平及风险管控能力，以更好地服务于电力市场建设及代理购电业务发展。

2. 现实需要

随着"三集五大"体系深入推进，各地市公司存在各式各样的问题日渐暴露。

核算资源分配不均衡。湖北省各地市的电力用户分布和经济发展水平存在差异，导致各地市的电费核算工作量和核算人员配置不均衡。一些地区的核算人员工作负担过重，影响了电费核算的质量和效率；而一些地区的核算资源闲置，造成了资源浪费。省级集约可以优化核算资源配置，提高资源利用效率。

核算智能化水平有待提高。虽然公司在电费核算智能化方面取得了一定的进展，但仍存在一些问题，如部分校验规则不完善、计算审核规则不精准等，导致每月产生大量无效异常和人工复核工作量。省级集约可以集中力量研发和优化智能核算业务规则，提高电费核算的智能化水平，减少人工干预，降低差错率。

事中监管能力不足。地市层面的电费核算管理对营销前道环节的监控能力不足，对变更传票不规范、档案差错等问题难以实施有效管控，业务稽查往往依靠事后核查整改。省级集约可以加强对电费核算全过程的监管，提高营销业务的规范性和准确性，降低电费管理风险。

（二）主要做法

1. 全面开展电费核算工作现状调研分析

2022年，公司营销服务中心牵头组建电费核算工作专班，抽调国网武汉供电公司、国网黄冈供电公司等基层单位4名核算业务人员，安排2名中心业务骨干开展集中办公，编制专项工作方案，编制里程碑计划，开展跟班核算，充分了解当前核算工作运行模式和突出问题。11月，开展全省电费核算集中模式及人员配置情况调研摸底，截至2022年全省共有电费核算人员247人（其中专职人员125人，兼职人员122人），国网武汉供电公司、国网黄石供电公司等9家单位采取在地市公司营销运营中心实现集中核算，国网十堰供电公司、国网襄阳供电公司、国网恩施供电公司在地（市）、县两级各自负责所辖客户的电费核算工作，国网荆州供电公司、国网宜昌供电公司在县公司层面实现电费集中核算。此外，开展现有电费核算配套管理制度及评价规则梳理，查找相关管理流程和制度短板及空白，为后续完善电费核算规则和营销各业务流程打下基础。

2. 全面优化电费核算规则及业务流程

一是结合前期调研情况，组织开展电费核算工作流程、规则深度分析，按照业扩报装、营业管理、计量等6类专业逐一开展核算规则梳理研判，结合现有核算查实异常问题，开展深度溯源，按照"内嵌管控规则、前置核算条件"的原则，尽量将现有核算异常在业务发起和流转阶段进行管控和规避。专班与公司营销管理部门、各基层单位电费核算人员建立常态化沟通汇报机制，先后组织专题会议52次，征求意见124项，参与人员达 342 人次。在充分征求意见的基础上，专班提出电费核算规则及业务流程优化建议 40 项，其中业扩报装、计量管理等业务流程优化建议 7 项，核算规则优化建议 28 项，并全部于 2022 年 10 月部署上线，剩余 5 项暂不具备实施条件，计划于 2023 年开展优化实施。

二是专班牵头编制了全省电费核算管理集中实施细则（共 7 章 32 条），起草专项工作操作手册（讨论稿），进一步完善了电费核算业务相关配套制度。

三是充分开展前瞻性优化完善。结合全省采集系统 2.0 和营销系统 2.0 建设，组织专班开展核算规则比对及优化调整，与国网福建省电力有限公司、国网山东省电力有限公司、国网河南省电力有限公司等网公司开展业务沟通交流，学习借鉴先进电费核算管控理念和相关配套规则，提前部署谋划营销 2.0 系统中电费核算功能过渡和迁移。

3. 界定职责

公司营销服务中心：负责集约电力客户核算发行，包括用电客户、发电客户、售电公司、电网侧储能电站等各类客户电费（含上网电费及补贴电费）的计算、审核、发行及抄核验证包的审核通过；负责抄核异常工单派发、督办及审核闭环；政策性退补、非政策性退补、违约用电窃电处理中追补电量电费、销户电量电费的审核及发行；负责营销系统计费参数的异常管控；负责业扩变更流程电费试算的处理、审核；负责电费预发行工作及预发行过程抄核异常工单派发、督办及审核闭环；负责电量电费结算报表统计、审核、上报；负责全省年度、月度电费应收关账工作；负责抄核相关工作质量管控并提出考核意见。

各供电公司：负责按发行及预发行要求，及时完成采集、抄表异常数据消缺，对无法远程采集客户实施现场消缺、补抄；负责抄核异常工单、电量电费结算报表异常回复、整改、初审及督办；负责非自动化抄表计划的制定及表码录入；负责辖区电力客户抄表段管理，包括抄表段新增、调整、注销，电力客户抄表段调整、维护；负责辖区电力客户退补的申请、计算、分级审批；负责客户四类人员（计量人员、用电检查员、业扩人员、故障抢修人员）及抄核异常初审人员的维护。

（三）经验启示

1. 整体成效

电费核算工作质效持续提升。2022 年 6 月，全省累计电费核算查实异常 0.14 万笔，剔除系统数据异常等客观影响，核算异常查实率 85.28%。2022 年 10 月（相关优化实施部署后），全省电费核算查实异常 0.15 万笔，核算异常查实率 95.67%，较优化完善初期提升 10.39 个百分点。

电费核算自动化水平持续提升。2022 年 10 月，全省电费自动核算发行率 99.23%，其中：高压 15.72 万户，核算发行率 85.30%，环比提升 15.97 个百分点；低压 2948.59 万户，核算发行率 99.30%，环比下降 0.63 个百分点。

业务流程得到持续优化。优化电费试算相关功能，实现业扩报装、计量装置更换等业务前置试算，并设置了7项内嵌校验规则，确保相关参数设置错误时业务无法归档，同时有针对性地提出对应的专业管理建议；新增了核算异常拆分功能，将核算疑似异常问题由原有的按抄表册拦截细化到按户拦截，提升拦截的精准性。该功能于2022年7月部署后成效明显，高压客户自动化发行率环比提升25.65个百分点。

2. 不足之处

电费核算管理优化程度有待进一步提升。前期电费核算管理优化主要从核算规则和业务流程的完善入手，对营销业务整体流程的再造和更新推动不足。相关业务大多停留在现有环节和规则的调整，尚未实现整体的迭代更新。

电费核算管理体系机制有待进一步完善。目前全省地市、县电费核算模式不统一，相关管理模式也不相同，这容易造成人工核算时标准偏差及异常管控不及时等问题，影响核算工作质效。

目前全省电费核算队伍年龄偏大（以国网武汉供电公司为例，男性核算人员平均年龄52岁、女性核算人员平均年龄42岁），适应和学习新业务要求能力有限，市场化用户核算等领域业务技能有待进一步提升。

3. 巩固提升

（1）持续优化电费核算规则及营销业务流程。持续跟踪现有电费核算规则部署质效，滚动更新相关阈值和条件，进一步提升核算异常查实率，力争自动化发行率100%。结合电费核算查实异常，针对相关专业提出改进措施和建议，以电费核算规则优化为抓手，推动相关专业管理水平提升，将电费核算异常问题管控从事中向事前转移。定期收集基层单位电费核算工作建议和问题反馈，建立清单销号制度，确保相关问题及时处理。

（2）持续完善电费核算管理机制。综合研判全省电费核算智能化建设水平，建立常态管控机制，力争2023年一季度具备电费核算省级管理集中条件。加快完善电费核算专项工作指导手册、实施细则、典型案例库、工作质量评价细则等配套管理制度。持续优化省—市—县电费核算管理机制，省级层面设置电费核算管理专职人员，逐步构建全省统一的电费核算组织体系。

（3）持续强化电费核算人员队伍建设。常态化开展电费核算相关业务及规则培训宣贯，覆盖省、市、县、供电所四级业务人员，切实提升全省电费核算相关人员业务能力。积极开展电费核算业务交流，组织开展省内、省外现场调研，学习借鉴先进做法，不断优化电费核算管理模式。编制专题培训课件、资料，充分利用网络课堂、短视频等媒体渠道，组织开展电费核算业务技能调考，选树电费核算专业首席专家。

第二节　电费账务及回收管理实践

电费账务也经历了两次集中。第一次是 2005 年前后，公司于 2004 年年底在国网宜昌供电公司试点先行，并于 2005 年 3 月在黄冈等其他地市公司全面推广。第二次是在 2020 年前后，公司于 2020 年在国网武汉供电公司、国网鄂州供电公司、国网孝感供电公司、国网宜昌供电公司等 4 个单位先行试点，于 2021 年 9 月在其他地市公司全面落地。这两次账务集中共同特点是撤销下级所有电费账务，所有电费资金均实时向上一级设立的电费专户归集，实现日清日结。同时，它们又具有各自鲜明的特点：第一次电费账务集中时，配套了电费回收考核制度，电费进账单全部上缴市公司据以销账和平账，彻底告别了电费呆死账的历史，几乎所有县市公司年度电费回收率达 100%，这是第一次集中划时代的贡献。第二次电费账务集中则取消了县公司上缴进账单销账的做法，每个专变用户都有一个缴费代码与银行账号绑定，实现了营销系统与银行系统信息无差别一一对应，避免了相同电费金额重复销账，特别告别了整数资金销错账追查困难的窘境，这对于电费对账工作来说也是一个划时代的贡献。

公司人发扬"三千精神"，电费回收都按时结零。随着信息技术的进步不断发展，电费回收方式和手段也在不断更新。如 POS 机缴费、与超市商场合作缴费、银行批扣缴费、支付宝缴费、微信缴费、柜台缴费等，这些手段一方面把员工从收费低端解放出来，另一方面又加速了资金归集，规避了电费资金风险。下面把近年来国网黄冈供电公司的一些电费账务及电费回收实践与读者进行分享。

电费账务及回收管理实践一：如何提升电费资金风险防范能力

（一）项目背景

资金是企业的重要资源。随着我国经济快速发展，资金运营规模和频率剧增，但由于监管不力，资金周转过程中发生的各种损失屡见不鲜。如何加强企业电费资金管理，防范资金风险，是摆在电网企业面前迫切而重要的问题。

1. 电力市场环境变化

随着电力体制改革的不断深化，售电侧逐步放开，市场竞争加剧。供电企业面临着更多的市场主体和复杂的交易关系，导致电费回收的不确定性增加。新的市场参与者可能存在信用风险和经营风险，从而给电费资金的安全带来潜在威胁。宏观经济形势的不稳定会影响企业的生产经营状况，尤其是一些高耗能企业和中小企业，可能面临资金紧张、经营困难等问题，进而导致电费支付能力下降。经济下行压力下，部分企业出现拖欠电费甚至破产倒闭的情况，这加大了电费资金回收的风险。

2. 供电企业自身发展需求

电费收入是供电企业的主要资金来源，电费资金的安全和及时回收直接关系到企业的正常运营和可持续发展。防范电费资金风险可以确保企业有足够的资金用于电网建设、设备维护、人员薪酬等方面，进而保障供电服务的质量和可靠性。

加强电费资金风险防范是供电企业提高内部管理水平的重要内容。通过建立健全风险防范体系，可以规范电费管理流程，提高工作效率，减少管理漏洞。良好的风险防范机制有助于提升企业的风险管理能力和市场竞争力，以适应不断变化的市场环境。

3. 信息技术发展

智能电网的发展使得电力数据的采集、传输和分析更加便捷和准确。供电企业可以利用智能电表、用电信息采集系统等技术手段，实时监测用户用电情况，为电费核算和风险预警提供数据支持。智能电网还可以实现远程控制和自动抄表，减少人工干预，进而降低电费管理中的人为风险。

大数据和云计算技术为供电企业提供了强大的数据分析和处理能力。通过对海量的电力数据进行挖掘和分析，可以识别潜在的电费风险因素，如用户用电异常、欠费趋势等，从而提前采取防范措施。云计算平台可以实现电费管理系统的集中部署和统一管理，进而提高系统的稳定性和安全性，降低信息安全风险。

电费资金源于所有客户，风险也广泛存在，因此电费资金风险防范工作对于供电企业来说任重道远。供电企业必须具备有效的控制手段和健全的管理制度才能防止或发现各种潜在的资金风险，并在经营过程中加强各部门间的联动配合，努力实现"零风险"目标，将风险处于可控、在控、能控范围内，为国有资产保值增值保驾护航。

（二）主要做法

1. 加强电费资金账户管理

在没有实现资金收支两条线和电费集中管理前，各供电营业所均在当地金融机构开设账户，而且手工记账混乱，上级部门无法对电费安全性实施监管，不法分子乘机侵占挪用电费，使企业遭受损失。公司组建电费管理中心后，集中开设 6 个统一电费账户，电费集中管理模式使资金得到及时归集和上缴，资金安全得到大幅提升，企业财务费用成本也大幅降低。

2. 推广资金风险有效控制方式

2008 年以来，金融危机给供电企业的电费回收带来的影响日渐显现。为防止电费不能及时回收及呆坏账发生，公司应尽快推广预付费装置、分期结算电费或收取合同保证金等措施。

推广分期结算电费时一定要与完善合同管理工作相结合。在合同管理中，要明确分期交款时间、额度、方式，同时要严格按照合同来执行。在当前经济条件下，尤其要将高耗能、小企业及其他风险较高用户全部纳入分期结算或预付费方式结算电费，以防范潜在电费资金风险。

为了推广预付费工作，在向基层企业分解任务的同时，公司还应筹措资金，加大设备物资的投入，维持预付费装置正常运转。在财力有限的情况下，也可以与用户签订合同保证金方式结算电费，保证金金额一般为该用户月均电费的1.5倍，并需严格按照合同规定执行到位。

3. 加强用户欠费预警机制建设

公司应建立反映用户实时欠费的预警平台，对欠费实行分级管理，不同层次的管理人员应关注不同的欠费额度用户，对于欠费的原因要实时掌握，并协同收费管片人员及时收回欠费。加强用户欠费要与企业等级信用机制相结合，而且对企业用电信用评级应实行动态评价管理，特别是要密切关注专变用户的生产经营情况及其财务状况，一旦出现异常情况，应采取果断应对措施。

公司应建立用户欠费预警考核机制，明确各岗位在用户欠费预警机制中的责任，从制度上保障用户欠费预警机制发挥应有的作用，使电费回收风险处于可控在控状态。

4. 定期做好专变用户对账工作

针对专变用户预收资金管理可能出现的漏洞，供电企业应定期做好与专变用户的对账工作，主要是核对供用双方往来账项是否一致，以防止用户交纳的电费资金特别是预收款长期流于体外，从而形成资金管理风险。当然，供电企业还可以通过完善营销系统功能，增加与客户对账平台，定期产生应收、实收、欠费余额等信息的对账函，以便与客户对账。

5. 做好资金到账跟踪工作

目前，营销系统能够对每一笔收费金额进行及时登记，银行每天（除节假日外）都将收款明细文本发至营销系统，导入后就可以与营销系统数据实时平账。但在实际工作中，由于部分营销人员没有及时对账、平账，导致进账单虽然登记了但资金未到账的情况不能及时被发现，进而使资金体外长时间循环，造成不可控制的资金风险。这就要求相关营销人员加强责任心，提高防范资金风险意识，特别是对于大额电费资金销账，要及时向上级电费管理部门反映。在银行文本还没导入系统时，电费管理中心可以利用网上银行实时查询，并依据此信息进行对基层收费人员的销账核对。经过这样严谨的跟踪流程，资金安全归集才能得以保障。

6. 加强进账单冲红等业务审批

在进账单冲红、调账、退费等工作中，要规范各项资金业务审批流程，特别是要严格按照规定报送各种供审核的材料，实行"谁审批，谁负责"的原则，认真鉴别每笔业务的准确性、手续的完整性、内容的真实性，以维护系统信息的准确性和真实性。同时，还应统一营销系统流程、权限及职责，完善系统功能，增加调账、冲红、调账清单的打印功能和工作单终止功能，实现相关记录实时查询，以提高资金监管实效。上级管理部门应加强对以上业务的监管和检查，对于达到一定标准金额及存在疑点的业务，应及时向稽查部门反馈，并进行现场稽核和查处。

7. 进一步加强票据管理

根据国家税务部门票据管理有关规定及公司发票管理规定，任何单位或个人的供电收费（含预收）只能到财务部门领取税务部门监制的发票，杜绝使用过时的电费发票和自制票据收费。否则，任何违反规定使用其他票据收费的行为均属违法，一经被查或被举报，将遭受税务部门、地方财政部门等的处罚。

另外，还应加强对欠费发票的管理，细化发票移交手续，定期对发票流向进行跟踪，对不能收回的欠费发票要及时归档，并提交营业所组织清收。形成呆死账的，要收集呆死账的合法证据，办理相关手续逐级向上级部门报告，争取获得核销。

8. 预付费收取与发票打印实行岗位分离

预付费是规避风险最有效的交费方式之一。但目前 IC 卡预付费功能的运用十分单一，管理层不能对收取的资金、电量、电价等信息实施监管。因此，需对 IC 卡预付费系统要实施升级改造：一是要将单机版 IC 卡系统改造成网络版；二是要通过技术改进和对 IC 卡系统数据进行清理，实现预付费装置系统与营销系统的对接和共享数据库，以便对预收资金进行实时监管，确保资金安全。

由于 IC 卡购电系统与营销系统数据尚未实现共享对接，且 IC 卡购电系统功能不完善，其电价、电量、实收等信息不准确，因此必须加强预收电费的过程管理：即收费人员与预收发票打印人员要实行岗位分离，严禁由一人完成收款和发票打印工作，以防范电费资金被侵占、挪用风险。

9. 加强部门或单位间的协作

在企业经营管理过程中，要实现企业效益最大化，就要从内部挖潜，整合企业内部资源，使部门或单位间能够共享信息，共同为客户提供更优质的服务。但在实际工作中，存在着报装施工、工程设计及预算、电费回收等环节脱节现象。如在部分尾端电压过低的线路报装接电，导致电压等级达不到用户生产要求，降低了电力使用效率，增加了用户生产成本。用户对供电服务产生质疑，甚至出现了少数用户为此拒交电费，给供电企业电费回收带来困难。为此，企业应吸取教训，各部门做工作应通盘考虑，加强协作，减少人为差错，以规避电费资金回收风险。

10. 加强农电工电费收取风险控制

目前由于条件所限，部分农电企业还存在让农电工收费的方式。农电工一旦出现大额资金亏空，供电企业遭受损失在所难免。因此，应加强农电工电费收取管理的实时监管：一是供电所要按月统计农电工实际欠费情况，并按照规定组织精干人员，运用法律赋予的权利和合法手段维护企业自身利益，帮助农电工对欠费实施催收；二是应定期与农电工对实际欠费进行书面确认，证明其无欠费或虽按照发票统计但实际欠费等情况，以此明确双方在电费风险上的责任，进而减少企业电费管理风险。

11. 创新电费资金归集手段

要充分利用各种信息系统和信息渠道，与各类金融机构、电信等行业开展代收合作，以减少电费资金风险，提高资金归集速度。目前有效的代收方式有：各类银行柜台代收、各类银行批扣、电信充值卡代收、银联 POS 机刷卡代收、流动收费终端代收、浪潮自动终端代收、电费绿卡村、金融卡社区以及各种便民收费网点等代收方式。

（三）经验启示

企业的生存和发展离不开宽松的外部环境和有效的内部控制环境。反之，不利的外部环境、经济环境及监管环境对电费资金风险的识别、发现和防范是十分有害的。首先，管理层要给予足够重视，切实提高对电费资金风险防范认识；其次，要加强与地方政府部门的沟通与支持，特别是对一些由政府经费集中支付的电费及招商企业，其电费回收问题时常困扰着供电企业；再次，必须建立一个常态监督机制；最后，必须对发生的风险及时采取有效处理措施。

电费账务及回收管理实践二：如何提升大客户电费风险防范能力

（一）项目背景

1. 大客户的重要性

（1）经济贡献大。大客户通常是用电量较大的企业或单位，其电费支出在供电企业的收入中占有较大比重。例如，一些大型工业企业、商业综合体等，其用电量可能占据当地供电区域总用电量的很大一部分。大客户的稳定用电和及时缴纳电费对供电企业的经营业绩和资金回笼具有至关重要的作用。

（2）社会影响广。大客户往往在当地经济发展中具有重要地位，涉及众多产业上下游企业和就业岗位。如果大客户出现电费拖欠等问题，可能会对整个产业链和社会稳定产生不良影响。例如，一家大型制造企业因电费问题导致停产，不仅会影响其供应商的生产经营，甚至可能引发连锁反应。

2. 大客户电费风险的增加

（1）经济形势不稳定。宏观经济形势的波动会直接影响大客户的生产经营状况。在经济下行期间，大客户可能面临资金紧张、订单减少等问题，进而导致电费支付能力下降。例如，一些受国际贸易摩擦影响的出口型企业，可能因订单减少而减产甚至停产，从而无法按时缴纳电费。

（2）产业结构调整。国家大力推进产业结构调整和转型升级，一些高耗能、高污染的大客户可能面临淘汰或转型的压力。在这个过程中，这些企业的经营状况可能不稳定，从而增加了电费风险。例如，一些钢铁、水泥等行业的企业在去产能政策下，可能出现减产、停产或重组，给电费回收带来困难。

3. 供电企业自身管理需求

（1）提升服务质量。对于大客户，供电企业不仅要提供稳定可靠的电力供应，还要提供优质的服务。通过加强电费风险防范，可以及时发现大客户的用电问题和经营风险，为客户提供个性化的解决方案，进而提升客户满意度。例如，通过对大客户的用电数据分析，提前发现客户可能存在的电费风险，并与客户沟通协商，共同制订合理的电费支付计划。

（2）适应监管要求。电力监管部门对供电企业的电费管理和风险防范提出了严格要求。供电企业需要建立健全大客户电费风险防范机制，确保电费回收的合法性、合规性和及时性。例如，监管部门可能要求供电企业定期报告大客户电费回收情况，并对拖欠电费的大客户采取相应处理措施。

（二）主要做法

1. 专项清理，实行债权债务确认制

（1）确保系统数据的真实性。2010年年初，国网黄冈供电公司运用新的SG186营销业务应用系统。公司十分重视数据接割的真实性，组成专班开展了客户欠费和预收电费数据清理工作，共清理核对了56万多户预收电费信息数据，由客户、台区管理员、供电所、县公司四方层层确认上报，再将经核对无误的数据导入新的SG186营销业务应用系统中，确保了新上线数据的真实、可靠，无任何历史遗留问题，为今后公司大客户预付费和分期结算的推广工作奠定了坚实基础。

（2）建立客户欠费和预收登记确认制度。为了防范专变电费资金被挪用，公司建立了供电基层单位按月与专变管理员确认客户欠费和预收电费金额的制度，确保资金日清月结无遗漏。

（3）建立了专变电费定期对账制度。公司为防范电费风险，建立了按季向客户发送债权债务对账函制度，由县公司发出电费对账函，客户签字盖章后，将对账结果直接寄送到县公司电费账务专责，电费账务专责把收到的对账函扫描到市公司存档备案，并监督对账工作的落实情况。对账函收完后，县公司组织专班按10%权重选取部分客户，上门与客户财务部门进行核实、确认，确保专变客户对账的真实性，有效防止资金被截留。

2. 管理延伸，实行风险靠前防范制

大客户电费风险防范工作始终是公司电费管理工作的头等大事，一旦出现大客户欠费，产生呆死账会给公司带来重大的经济损失，是不可触碰的一根红线。但仅仅靠坐镇指挥和考核制度是远远不够的。为此，公司建立了电费延伸管理制度，制订了按月到供电营业所现场检查计划，全年共要对108个供电营业所的电费抄表、核算、收费及账务管理情况，特别是大客户预付费和分期结算执行情况进行现场核查。

主要工作内容有：一是查看合同签订情况，检查合同中是否按规定约定了电费支付方式，约定的额度是否符合公司最低控制标准，并现场进行风险防范能力评估，如未达公司风险防范标准的，则下达限时整改通知书；二是通过查询每户大客户 SG186 营销业务新系统缴费记录，核实实际缴费额度与合同约定的电费结算约定是否一致，对未执行到位的，现场进行质询、分析，必要时与专变管理员一同上门做客户工作，要求按协议执行；三是检查资金到账的及时性。通过核对购电记录、SG186 营销业务新系统缴费记录、客户缴费进账单，检查供电营业所售电时是否足额收取售电款，检查收取的电费资金是否及时、足额上缴市公司电费专户，检查是否存在私设电费过渡账户管理客户预付资金，检查是否存在垫销电费行为。

3. 克难攻坚，实行特殊客户智取制

在预付费和分期结算推广过程中，不少客户不理解，既不愿意为装预付费方式投资资金购置控制设备，也不接受用分期结算方式支付电费，对公司电费风险防范工作造成了极大不利影响。

为此，采取了以下几项有效应对措施：一是客户向供电单位提出增容时，将加装预付费装置作为必选条件；二是利用国家对高耗能企业进行淘汰限制发展的契机，向客户提出预付费和分期结算的要求；三是提高优质服务，在电力供应紧张时期，优先保障电费风险低客户电力供应，促使部分客户执行了预付费和分期结算；四是加大投入，购置费控开关，对电能表进行智能化改造，完善负控终端，设定可用电费余额报警值，实行费控系统算费与 SG186 营销业务系统电费计算比对制，实时监控客户用电情况，对可用电费余额不足报警而未及时预存电费的，实行远程自动断电，逐步达到专变客户采集、费控全覆盖，从而从技术方面控制大客户电费风险。

4. 把关从严，实行风险分级管理制

（1）严把新报装客户预付费执行关。公司规定，新报装客户签订合同的同时，要确定电费支付方式，并将送电归档权限统一调整到县公司电费账务专责。账务专责不仅要审核新报装客户电费支付方式是否为预付费方式，还要确认客户是否已将合同约定的首期预付费资金支付到公司电费专户，之后才能据以送电归档。

（2）严把预付费和分期结算计划下达关。公司对月电量 10 万千瓦时及以上大客户实行分级管理，要求月电量 30 万千瓦时及以上客户 100%、月电量 15 万~30 万千瓦时 90%以上、月电量 10 万~15 万千瓦时 80%以上执行预付费和分期结算，将所有未执行的客户均衡地分解到每个月执行。

（3）严把预付费和分期结算执行确认关。每月 27 日，由市公司电费管理中心专责对当月应执行预付费和分期结算的客户执行情况进行查询确认。要求县公司电费账务专责提供当月新增执行的客户与供电部门签订的协议书，查看该户是否执行协议，支付的分期结算款除结清当月电费外，预收余额占其当月电费总额是否在 30%以上，如符合要求则予以确认。

（4）实行动态跟踪制。对前期已确认执行预付费和分期结算的客户实行动态管理，定期重新查询该客户是否持续执行预付费和分期结算，预收电费余额比重是否符合标准，然后才予以确认，否则将其从已执行的名单中剔除，直至达到公司确定的标准比重。

5.考核从严，实行定期通报考核制

为了确保大客户预付费和分期结算计划能够得以实现，公司加大了对该项指标的重视力度，实行双向考核。一是公司将计划以文件形式下达，在公司营销会上统一发布，并将完成结果纳入单位业绩考核。公司按月确认、统计、通报完成情况，按季度对完成情况进行考核，并兑现绩效工资，其中月度完成情况考核权重占70％，季度完成情况考核权重占30％。年度终了，该指标纳入年度绩效考核进行奖惩兑现；二是将预付费余额占月电费总额比重纳入同业对标体系，在全市进行排名，将此作为单位季度和年度业绩考核加分和减分项。通过加强考核，公司大客户预付费和分期结算推广工作得到各供电单位的高度重视，并取得了明显成效。截至2012年年底，公司月电量10万千瓦时及以上的客户中，有89％实行了预付费和分期结算，大客户电费风险可控能力进一步提升。

（三）经验启示

经过以上措施，国网黄冈供电公司2012年年底期末预收电费余额1.62亿元，占当月电费总额的72.61％，在全省13个地市公司同业对标排名第一，电费风险得到有效控制。

由此可见，防范大客户电费风险，全面的风险评估是基础。必须深入了解大客户的经营状况，对大客户的行业特点、市场竞争力、财务状况等进行详细分析；同时，要从多维度评估风险因素，除了经营状况外，还需考虑客户的信用记录、用电行为、发展前景等因素。如客户过去是否有拖欠电费的记录，用电模式是否稳定，未来有无重大投资或业务调整计划等；并要建立风险评估模型，综合各方面因素确定大客户的电费风险等级。

个性化服务是关键。需要定制电费收缴方案，根据大客户的不同需求和风险等级，制定个性化的电费收缴方案，与大客户共同协商，确定最适合的缴费方式和周期，从而提高客户的满意度和配合度；同时，要提供增值服务，为大客户提供节能咨询、用电安全检查、电力设备维护等增值服务，增强客户黏性。通过提供优质服务，与大客户建立良好的合作关系，进而降低电费风险。

强化沟通协作是保障。需要各部门协同作战，营销、财务、计量等部门要密切配合，建立信息共享机制，及时通报大客户的用电情况和风险变化，共同制定应对措施，共同做好大客户电费风险防范工作；同时，要加强外部合作，形成合力，加强与银行、担保机构等的合作，为大客户提供更多的缴费渠道和担保方式，例如，与银行合作推出电费贷款产品，缓解客户资金压力，与政府部门沟通协调，争取政策支持，共同维护电力市场秩序。对于恶意拖欠电费的客户，可借助政府力量进行催收。

持续优化管理是动力。需要完善制度流程，不断完善大客户电费管理的制度和流程，确保各项工作有章可循。例如，规范电费核算、收费、催收等环节的操作流程，加强内部控制，并且要定期对制度和流程进行评估和优化，以适应市场变化和客户需求；同时，要提升信息化水平，利用先进的信息技术，提高电费管理的效率和准确性，通过信息化手段加强对大客户电费风险的预警和管控，及时发现问题并采取措施；此外，还要加强人员培训，对电费管理相关人员进行业务培训和风险意识教育，不断提高其专业素质和风险防范能力。

电费账务及回收管理实践三：如何建立新的三级电费对账体系

（一）项目背景

早在 2005 年，国家电网公司所属地市公司均按要求建立了电费管理中心，通过建立三级电费对账体系，将全市电费账务集中到地市公司统一管理，实现了营销和财务数据的统一，减少了呆死账的发生，为国家电网公司资产保值增值作出了巨大的历史性贡献。但是随着户表工程、新建住宅配套费、高可靠供电费、代管县上划等纳入电费账户统一管理及用户数的不断增长，对账的难度和压力日益增大。特别是同等金额的整数（将有三个及以上"0"的资金称为整数资金，下同）资金重复销账或整数资金未及时到账的情况屡屡发生，原有的市、县、所三级电费对账体系已难以满足新形势下电费对账要求。为此，国网黄冈供电公司通过广泛征集意见，反复调研，主动自我加压，建立了新的三级电费对账体系，为公司的电费资金管理打造牢不可破的资金安全网。

（二）主要做法

1. 通过进账单审核来确保进账单来源的合法性和规范性

取得合法规范的进账单是做好电费对账工作的首要任务。原则上，所有进账单都必须是原始件，网银、电汇等电子划款也必须取得相应的收款凭证，包括网银和电汇的复印件、传真件、支付成功截图、电子文档等。由于整数管理的复杂性，要求各单位尽量向客户宣传减少缴整数进账单的情况或对整数进账单加备注，以便为对账提供必要的信息。

2. 通过进账单编号来确保进账单的完整性

对每张进账单进行编号，将编号与解款记录一一对应，既实现了进账单查询的快捷性，又确保了进账单实物的完整性及与系统信息的一致性。

（1）编号步骤。第一步：账务专责从解款记录里分银行导出解款清单并从小到大进行排序，取其中的"收款单位""解款人员""解款编号""解款日期""解款金额"等五列信息，将"收费部门"及其他列删除。在此基础上，新增"解款银行""进账单日期""进账单类型""银行交易流水号""销账客户名称""客户编号""手工编号""备注"等列。然后，将其中 1000 元以上整数的款项从小到大剪切到表格的顶端。第二步：将整数实物进账单从小到大编号，并将编号输入解款记录清单里。第三步：将非整数实物进账单按已粘贴的顺序依次编号，并将编号输入解款记录清单里。

（2）进账单编号及粘贴要求。进账单编号遵循连续性原则。账务专责按照工行、农行、中行、建行、邮政、农商行（信用社）的顺序将解款记录清单导出，实物进账单也按照此顺序编号、粘贴。如：某单位有工行 10 笔，其中整数 2 笔，农行 12 笔，其中整数 3 笔，则工行两张整数实物进账单从小到大依次编为 1 号和 2 号，工行其他 8 笔非整数实物进账单依次编为 3～10 号，农行两张整数实物进账单从小到大依次编为 11 号、12 号、13 号，剩余 9 张非整数进账单依次编为 14～22 号，其他银行依此类推。整数进账单放在非整数进账单前面。如有多对多调账的、银联 POS 单边账的，要在解款记录清单中注明。对账员在移交进账单时需将解款记录清单表打印放在凭证最上面，以便快速查询实物进账单。多对多调账中含整数进账单的，按照整数解款记录的要求进行管理。

3. 通过整数专项登记来确保整数资金管理的严谨性

通过平账和编制余额调节表，能够对非整数是否到账进行精确的确认，而同等金额的整数资金较多，到账的确认难度大。通过不断摸索，发现只有将已销账的整数进账单相关信息，逐笔录入网银中，与网银数据建立一一对应的数据关系，才能从根本上杜绝整数资金的流失。

（1）完善整数实物进账单信息。所有整数进账单要求收费员写明供电所名称、收费员姓名、客户编号、客户名称、解款记录、解款日期、到账日期、银行交易流水号等要素，结算员、县公司账务专责、分管电费主任需分别对整数进账单进行审核并签名（邮政进账单较小，可在背面签字）。

（2）完善解款记录清单中整数记录信息。账务专责需将整数实物进账单中的相关信息填入解款记录清单中的"进账单日期""进账单类型""银行交易流水号""销账客户名称""客户编号""进账单编号"等栏目内。

（3）确保整数登记基础表的完整性。电费账务班会计人员每月 5 日前需将六家银行的网银数据分别导出，将整数资金记录清理出来，形成当月整数登记基础表，并确保整数记录的完整性和准确性。

（4）将实物进账单信息输入整数登记基础表。对账员需将解款记录导出，先核对账务专责编制的解款记录清单总笔数和总金额是否一致，如不一致则追查原因，如一致则逐笔将实物进账单与解款记录清单进行核对，并在"解款金额"处打"√"，保证实物进账单的完整性。

（5）及时处理资金短缺情况。整数登记时，若发现要登记的整数实物进账单已被登记，应先对该整数进账单进行核查，看该笔进账单是否来源合法，收款名称和收费账号是否正确，交易是否成功，是否为原始件，以及是否是进账联等，若该整数进账单没有问题，则将原已登记的同金额、同时间的进账单找出并进行识别，直到将原因追查清楚，并将短缺的款项追查到账为止。

4．及时移交进账单和进行平账以确保资金到账的及时性

一是要及时移交进账单。每月 2 日前，供电所需将进账单全部送到账务专责处，每月 5 日前账务专责需将前一月进账单全部送到市公司相关对账员。

二是要及时进行平账。出纳需对前一天银行文本进行核对，并于 9 时 30 分前导入营销系统中。对账员需于每天上午下班前完成平账工作，并将未平账清单导出发各单位账务专责追查，账务专责需于 16 时前反馈追查结果。

5．严格监督考核以确保新体系运行的有效性

为确保新体系的有效运行，设立了进账单寄送及时率、进账资金到账的及时率、整数资金登记的完整率等指标，对未完成标准要求的情形将其纳入同业对标和业绩考核体系进行严格考核，特别是对资金没有及时到账的，将调增该单位应收账款余额；对于未达账次月末之前仍未到账的，将按未达金额同等额度扣该单位工资基金。

（三）经验启示

新的三级电费对账体系运营以来，三级对账人员先后发现多起整数资金重复销账情况，并及时地进行了追讨，恶意销账行为纷纷"落网"，所有资金均已全部补收到位，这为巩固公司经营成果和推动改革发展作出了重要贡献。

首先，明确分工是关键。在三级电费对账体系中，明确各级的职责范围，使得每一个环节都有专人负责，从而避免了职责不清导致的混乱和疏漏。

其次，信息化技术不可或缺。利用先进的信息技术，建立电费对账系统，实现数据的自动采集、传输和处理，这大大提高了工作效率。同时，系统可以实时监控电费的收取和结算情况，一旦发现异常情况就会发出预警，为风险防范提供了有力支持。

再次，沟通与协作至关重要。三级电费对账体系涉及多个部门和层级，因此需要建立良好的沟通机制和协作平台。各部门之间要及时交流信息，共同解决对账过程中出现的问题。例如，营销部门与财务部门要密切配合，以确保电费数据的一致性和准确性；上下级单位之间要加强沟通，及时传达政策和要求，从而确保工作的顺利进行。

最后，持续优化是保障。新的三级电费对账体系在运行过程中，需要不断总结经验教训，一旦发现问题就要及时进行调整和优化。例如，可以根据实际情况调整对账流程和方法，不断完善系统功能，进而提高对账的准确性和效率。同时，要加强对员工的培训和教育，不断提高他们的业务水平和风险意识，为体系的持续稳定运行提供保障。

电费账务及回收管理实践四：如何降低交费成本，加速资金归集

（一）项目背景

电费社会化代收能够融合、节约社会资源，简化收费环节，降低客户交费成本，加

速资金归集，提高资金安全，降低企业电费回收风险，有利于解决排队"交费难"问题，进而提高营业管控能力和企业优质服务水平。

目前，在降低用户交费成本方面取得了一定的进展。许多供电企业积极拓展多元化的交费渠道，如网上营业厅、手机 App、第三方支付平台等，方便用户随时随地进行交费，减少了用户的时间和交通成本。同时，还推出了优惠活动和奖励措施，鼓励用户及时交费，提高资金归集的速度。

然而仍存在一些问题，例如部分用户对新型交费方式不熟悉或存在疑虑，导致使用率不高；一些地区的交费渠道还不够完善，存在网络不稳定、操作复杂等问题；资金归集的效率还有待进一步提高，尤其是在一些中小用户较多的地区，资金分散、归集难度较大；对新型交费方式的宣传力度不够，没有充分让用户了解其便利性和优势；交费渠道的技术稳定性和兼容性有待提高，如网络故障、系统升级等问题可能影响用户体验。

（二）主要做法

1. 转变观念，稳扎稳打

2011 年，公司确定第一批"电费绿卡建设示范县"，但在推广过程中存在诸多问题：部分单位对银行储蓄批扣业务推广工作认识不够高，在人力、物力、财力方面支持不够，认为反复催客户到银行续存电费需要付出的精力和费用支出较原来大；财务管理方面，客户基本信息登记不完整，客户账户余额不足时催存联系不便，影响当月批扣成功率；此外，部分地区无金融机构，推广难度大，当地邮政网点窗口小，无法满足客户大规模续存电费资金的需要，而金融机构绑定信息错误多，导致错扣电费等现象也制约了工作的开展。

为顺利完成工作目标，国网黄冈供电公司选定积极性高、执行能力强的国网浠水供电公司作为试点，多次召开电费社会化代收建设专题会，并联合当地邮政、农行、建行等金融机构召开现场推进会。为明确责任，打造一支战斗力强的创建队伍，国网浠水县供电公司成立了以公司总经理、党委书记为组长，相关科室负责人为成员的工作领导小组，组建了工作专班，专门负责电费社会化代收的推广工作。该公司建立了两级责任体系，即县公司与供电所，供电所与台区管理员之间签订责任状，推广结果与年度绩效挂钩，各供电营业所也成立了由所长牵头的工作专班。这样，企业上下形成了党委统一领导、业务部门亲自抓、基层窗口具体实施的工作体系，确保了电费社会化代收工作顺利推进。

为了加强日常管理工作，该公司相继出台了《国网浠水县供电公司台区精细化管理补充规定（电费社会化代收部分）（试行）的通知》等管理规定，将签约覆盖率、批扣成功率、信息完整率作为考核指标，依托台区精细化考核办法，纳入电费回收日常考核，实行月度考核兑现，进一步巩固了电费社会化代收建设成果，保持了电费社会化代收工作健康、常态运行。

2. 宣传到位，精耕细作

为了切实让客户了解到开展电费社会化代收工作的好处，国网浠水县供电公司展开立体式宣传攻势，组织全体员工进村入户、走进社区、走上街头，通过发放宣传单、制作电视宣传片、签约抽奖活动等形式，向社会各界宣传电费社会化代收工作的重要意义和主要举措，为电费社会化代收工作的开展奠定了群众基础。在日常工作中，台区管理员耐心宣讲、因势利导。原来走收方式是拿发票找客户收费，现在批扣成功后只发短信告知，没有打印发票，有些客户有顾虑，对这项新交费方式不理解。"我以前都是看发票交费，现在从存折上直接扣钱，我心里不是很清楚。"陈桥村村民陈××在接到短信通知之后不放心，到供电所查询每月用电起止码，并且逐月核对，台区管理员小占没有任何怨言，给客户进行了耐心解释，配合查电量电费清单。从当月查到上一年的 4 月，每个月都查得清清楚楚，没有任何差错，陈贵友打消了顾虑。消费信息公开也是宣传工作中十分重要的一环。为了让客户明白，台区管理员每月坚持在指定的公告栏上及时张贴客户计费清单，让客户知道自己每月用多少度电，电费是多少。得益于该公司前期大量的宣传和真诚的服务，客户对社会化代收认可度明显提升。退休干部崔××在签订批扣协议时说："这种交费方法好，节约资金，提高效率，以后我们不用到供电所排队交费，也不用因外出未及时交费产生欠费了。"随后，他毫不犹豫地拿出了工资存折，签订了协议。

3. 勇于创新，常抓不懈

通过批扣签约，客户、银行及供电企业三者间的合作关系得以建立，但要达到较高的电费批扣成功率，后续电费的催缴是关键。若靠固有的催费方法，难免让客户不理解。为此，该公司除了利用国网黄冈供电公司提供的移动短信平台外，还及时联系厂商，开发了语音催费系统，实时向客户发送电费信息和服务公告等温馨提示。为保证系统正常运行，发挥最大效力，该公司开展了客户电话信息清理工作，由各台区管理员现场将每一名客户的手机或固定电话信息进行核对登记，准确录入到营销系统，实现电脑自动催费，简便了工作流程，也创新了优质服务举措。经过大规模的推广，该公司在2011 年年初签约客户数达 20 万户，但随后出现了批扣率下滑的问题。面对该情况，该公司果断采取措施，创新地开展了"社会化代收工作大家谈"活动，由该公司总经理任组长，每个领导及科室与相应的供电营业所挂点督办，要求所长汇报推广过程中存在的困难和问题，请推广质量较高的台区管理员现场讲解批扣推广工作先进经验、心得体会，现场对存在的困难和问题进行解答收集，检查基础资料和"电量、电价、电费"信息在公开栏公告情况，并提出解决措施。通过每月总结大家谈成果，该公司"三率"（信息覆盖率、签约率、批扣成功率）得到了稳定提升。

（三）经验启示

国网浠水县供电公司是国网黄冈供电公司中被命名为第一批"电费绿卡建设示范

县"的企业。为提升城镇居民签约批扣水平，该公司果断抓住机遇，以城区低压集抄改造为突破口，成立银行储蓄签约小组，低压集抄改造一个台区，签约批扣协议完成一个台区，两者同步推进。经过 4 个多月的努力，截至 2011 年年底，该公司签约批扣客户 22 万户，签约率 96%，批扣成功户数 17 万户，批扣成功率 95%，达到"电费绿卡县"验收标准，创建质量居全省前列，成为国网黄冈供电公司的一面鲜艳旗帜。其"电费绿卡示范县"创建之路，是湖北公司相关工作的一个缩影。

通过创建"电费绿卡县"，国网浠水县供电公司抄表质量、优质服务水平，尤其是资金归集速度得到大幅度提高，收费成本、现金管理风险、收费压力大幅下降，企业资产进一步优良，资金链条进一步完好，为财务集约化等工作进一步开展创造了良好、扎实的条件。

2011 年，按照公司要求，国网黄冈供电公司确立了以银行储蓄批扣为主、以邮政便民收费和移动收费为辅、以银行柜台实时代收、自助终端、网上银行收费为补充的推广原则。通过不懈努力，有 5 个县（市）公司被命名为"电费绿卡建设示范县"，共建成"金融卡社区"360 个，建成非现金收费营业所 54 个，共签约 115 万户，走出了一条有特色的交费方式改革和财务管理创新之路。

电费账务及回收管理实践五：如何提升电费自动对账率

（一）项目背景

近年来，随着经济社会的发展，全社会用电规模不断扩大，电费资金规模大幅提升。2020 年，公司电费资金进账规模达 61.08 万笔，而电费资金完成营销系统与财务的对账处理，才能确认为供电企业的经营收入。

电费资金自动对账率偏低，所需的人工对账审核工作量大，容易出现对账差错，造成电费资金无法可控在控，导致电费管控风险和财务部门现金流无法按日排程开展，严重影响电费回收考核指标。2020 年 7—10 月，公司平均电费资金自动账率为 55.93%，远远低于国家电网公司营销部提出的 98.00%要求。

电费资金非自动对账的缴费渠道类型分为电力机构柜台收费、金融机构代扣、微信缴费、支付宝缴费、金融机构网上银行。2020 年 7—10 月，电力机构柜台收费非自动对账笔数占比最多，其中按进账单结算得更多。电力机构柜台收费非自动对账笔数多的主要因素一方面是进账单传递滞后，由于业务繁忙、沟通不及时等原因，用电客户缴费后，进账单未及时传递至收费员，导致营销系统未及时进行收费解款操作；另一方面，进账单实物与银行文本流水号信息不匹配。例如，国网襄阳供电公司规定收费员在收到用户的信用合作社进账单时，必须按照进账单上流水号信息进行解款信息维护，但在 1000 笔电力机构柜台进账单中，非自动对账笔数仍高达 11 笔。

（二）主要做法

1. 建立电费直收到户管理模式

（1）设计电费直收到户业务运行流程。针对进账信息未及时传递导致的无解款记录情况，应从电费账户管理模式改革入手，建立省级统一账户管理模式，撤销市级电费实体账户，将客户电费实时集中至省级，实现电费收入归集级次和路径的优化。通过对 SG186 营销业务应用系统、一体化缴费平台、财务管控系统、合作银行方信息系统进行技术升级改造，提升各方数据沟通的及时性、准确性，打破系统、专业壁垒。在系统改造后，实现银、营、财三方数据同步性，提升电费自动化销账比例，避免进账无解款记录的情况。电费直收到户业务运行流程设计思路如图 3-1 所示。

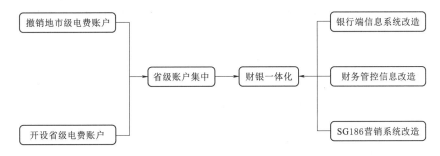

图 3-1　电费直收到户业务运行流程设计思路图

（2）研究省级电费账户集中管理模式下的电费管家卡应用。在省级电费账户管理方式下，采取电费管家卡收费模式，根据用户户号，绑定客户专属电费管家卡。电费管家卡为收款管家卡，开户名称均为"国网湖北省电力有限公司"，为虚拟卡，卡号符合银联卡号规则。用户转账缴费时，转入自己专有电费管家卡卡号中，实现电费精准自动化入账，避免人工解款环节。

（3）研究电费直收系统功能应用框架。根据电费管家卡关键标识与 SG186 营销业务应用系统户号信息建立关联，通过一体化缴费平台将银行文本及时进行传递，实现缴费实时销账功能。

（4）上线电费直收到户省级电费账户管理模式。电费直收到户相关应用功能试运行上线后，制定并向全省下发了电费结算账户变更告知书及省级直收推广指南，各地市公司也及时对外发布了电费结算账户变更告知书。2021 年 9 月，全省市级电费账户全部注销，电费账户直收工作全面完成。用户在转账进入绑定管家卡后，营销系统实现实时销账功能。

（5）编制省级直收适应性操作手册。为方便快速完成推广电费直收到户省级电费账户管理模式应用工作，对营销业务应用系统电费直收相关功能模块制作了操作说明，介绍业务功能位置及操作步骤。

2. 建立集中批量对账平台

（1）设计省级集中批量对账总体方案。针对进账单流水号信息不一致的情况，梳理现有的营销系统对账操作流程，分析电费收入归集级次和路径，据此设计对账规则，开发省级集中批量对账程序，建立省级集中批量对账平台，实时跟踪未批量对账的整改进度，确定最终方案。

（2）研究对账规则。分析不同缴费方式对账规则的特性，对用户主动转账缴费采取两轮匹配。第一轮自动对账规则为：解款记录中的用户编号与银行进账单中用户编号一致、收费日期在到账日期的3天内、解款记录状态为解款在途、结算方式为转账或进账单、同一批次缴费的金额与银行到账金额一致、解款银行与到账银行一致。第二轮自动对账规则为：当一次匹配无记录时，则判断收费记录中的用户编号与银行进账单管家卡绑定的用户编号是否为关联户，其他条件与一次匹配一致，并明确对应的自动对账规则。

（3）设计自动对账应用场景及关键字段。对账规则设计完成后，征求银行方及湖北各地市供电公司电费账务人员的意见，梳理完善自动对账应用场景及所需关键字段。经过不断改进优化，最终确定省级集中批量对账应用场景，并根据应用场景及相关关键字段信息完善营财一体化对账功能。

（4）开发省级集中批量对账程序并上线试运行。经过3个月的程序开发，2021年8月5日省级集中批量对账平台上线运行，该程序可实现批量对账。在省级集中批量对账模式下，电力机构柜台收费进账单方式对账业务流程图，如图3-2所示。

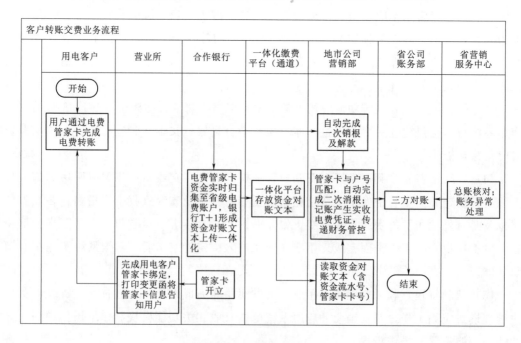

图3-2　电力机构柜台收费进账单方式对账业务流程图

（5）省级集中批量对账平台操作指导。为方便地市电费账务专责更好地执行批量对账业务，制定省级集中批量对账平台操作流程说明，包括应收电费凭证核对、实收电费凭证核对、省级账务核对。

（三）经验启示

1. 经济效益明显

以上措施使公司进账单销账自动解款率、进账单实物与银行文本匹配率均达到99％以上，电费资金账务自动对账率从54.53％提高至99.85％，有效提高了电费资金自动化对账率，攻克了整数资金对账难顽疾，减轻了相应电费处理人员的劳动强度，极大地减少了不明款项的产生，有利于公司债权债务管理，降低公司资金风险。

这些措施使电费账务由事后监督转为实时管控，缩减了电费账务业务流程，优化了电费账务作业体系，建成"自动化流水线"，实现了业务全流程自动处理，缩短了账务处理时长，提升工作效率60％以上，减少了50％的人力，每年减少用工成本3000余万元，节省进账单保管与寄送、资金押运、票据打印与保管等费用800余万元。

2. 专业技术得到提升

（1）优化了账户管理模式和电费收入归集级次路径。通过与合作银行设立省级电费账户，撤销市级电费实体账户，将客户电费实时集中至省级，实现了电费收入归集级次和路径的优化。

（2）技术升级改造，打破了各业务系统数据壁垒。通过对SG186营销业务应用系统、一体化缴费平台、财务管控系统、合作银行方信息系统的技术升级改造，提升了系统数据动态信息的同步更新效率。

（3）理清了部门职责，提升了管理质效。建立了覆盖横向业务部门、纵向管理层级的职责业务界面明确的管理体系，通过明确各部门、单位的职责，避免真空管理，提升了电费账务管理工作的质效。

3. 闭环管理水平得到提升

充分利用技术管控提供的预警信息，及时采取一系列"打基础、管长远"的管理措施。对电费资金自动化对账工作实行省统一指导、市公司统一部署、县公司统一执行、供电所统一落地的四级机构协同管控，实现了电费自动化对账异常问题在营销系统的反馈、银行方的核实、处理、考核等一体化闭环管理，不断提升了营销管理水平。

电费账务及回收管理实践六：如何实现电费收款"省级集中"

（一）项目背景

按照国家电网公司党组统一部署，公司作为第二批收付款"省级集中"推广单位，需在2021年8月底前完成全面推广工作任务。为有序推进、按期完成其中电费收款"省级集中"的工作，根据《2021年电费抄核收业务自动化智能化提升工作安排》（营销营业〔2021〕6号）等文件精神，结合公司实际情况，研究制定本方案。

因此，公司以电费"省级直收"为重点，优化了电费收入归集级次和路径，扩大了智能收费覆盖范围，依托国网湖北营销服务中心（计量中心）作为全省营销服务全业务支撑机构的功能定位，构建"集约化、精益化、智能化"的电费管理体系。在合作银行设立省级统一电费账户，撤销市公司电费实体账户，客户电费实时集中至省公司，基本实现了省级直收电费自动清分、销根、记账和银营财三方自动对账，提升了电费回收工作质效和回收风险防控水平。根据国网统一工作部署，配合完成收了付款"省级集中"的验收工作。

（二）主要做法

1. 明确职责分工

公司营销部主要职责：负责组织开展智能账务建设；负责配合财务部门开展营财一体化建设；负责优化业务流程及管理体系，增加自动化处理业务功能，负责组织各地市单位向客户通告并解释对公电费账户变更及用户协议变更工作，负责电费账务省级集约工作模式推进。

公司财务资产部主要职责：负责组织开展营财一体化建设；负责省级电费账户的开设；负责搭建省级电费账户体系资金池和省级电费科目体系；负责提供税务政策指导。

省营销服务中心主要职责：负责电费账务省级集约的具体工作，包括统筹规划、业务规范、技术指导、人员与场地安排等。负责完成营财系统的总对总数据核对；负责电费应收额的总账管理；负责电费账务异常监控；负责指导并规范地市公司电费账务的属地业务。

省信通公司主要职责：负责组织对系统技术架构、数据集成方案、网络接入方案的审查与批准；组织开展网络安全评估；负责组织开展营销、营财一体化等信息化系统的改造升级；负责落实系统接入、网络开通及安全保障等。

各地市公司主要职责：负责安排专人配合推进电费收款"省级集中"工作；负责本单位账户变更后的客户告知、宣传推广，以及市级账户撤销等工作；负责根据省级账务集约工作部署相应完成本单位人员、职责及业务等的调整工作；负责实体账户、虚拟账户与银行间日常对账工作；负责接收到账资金及到账确认处理；负责账务报表统计和营财数据核对工作；负责电费应收、实收、预收明细账管理及不明账款的清理处置工作。

2. 理顺推进流程

根据电费账务省级集中分步骤推进的整体部署，2021年安排各阶段具体工作。

（1）加快不明账款清理进度。各地市公司加强不明账款的清理力度，5月底前完成2020年及以前不明账款的清理和处置工作，并将处置情况上报至省公司相关部门，为省级账户集中期初数据的准备工作打下坚实基础。

（2）开展电费账户"双轨制"运行。一是非试点单位逐步接入所有银行省级直收业务，计划4月完成30%，5月完成80%，6月底完成100%，并每月开展进度通报。二是4月30日之前，国网武汉供电公司、国网鄂州供电公司、国网孝感供电公司、国网宜昌供电公司4家试点单位各撤销1～2个市级账户，实行电费账户"双轨制"，以保障业务平稳推进，6月之前撤销所有试点单位市级账户。三是8月31日起，撤销全省所有地市公司原市级账户，全面实行省级账务集中管理。

（3）开展业务培训。各地市公司要组织召开电费收款省级集中宣贯会，传达国家电网公司及省公司关于省级账务集中工作的文件精神，并制订详细培训计划，加强对电费相关人员业务指导，确保他们熟悉系统操作流程，确保资金安全。

（4）加强客户宣传。各地市公司应做好对客户的宣传推广工作，包括宣传资料发放，营业厅通知公告、通过线上线下渠道对用户进行省级账务集中工作的推广宣传；同时，做好银行转账业务客户账号变更的解释答疑工作；并向客户送达"电费结算账户变更函"，严格做到一函对应一客户，杜绝一卡对多户情况出现。

（5）细化考核要求。自动化对账率应达到98%，且每日自动化对账率也需保持在98%以上，对于人工对账或未对账的情况将按笔数进行考核；凭证自动生成及推送率应达到100%，即每日凭证自动生成率需达到100%，且自动推送至营财一体化系统率也需达到100%，对于未自动生成及自动推送的情况将按笔数进行考核。

3. 加强组织保障

各部门、各单位高度重视电费收款"省级集中"工作，根据里程碑计划表，明确工作职责、工作重点，制定工作措施。各地市应成立以公司营销、财务分管负责人为组长的专项工作小组，负责统筹推进试点推广工作，确保组织有序、实施高效、务期必成。各部门需协调推进，根据统筹组的统一要求，定期上报本单位各项任务完成情况，并及时反馈需要管控组协调解决的问题。省营销服务中心应完善账务集中机构配置，配优配齐相关人员，负责电费账务"省级集中"工作的统筹推进。同时，建立周例会机制，统筹组按月召开工作推进会议，动态分析实施进展，并安排下阶段工作任务。此外，建立问题清单机制，坚持目标导向和问题导向，按照"发现问题、改进提升、持续优化"的思路，及时研究并解决实施过程中的关键问题。同时，建立安全保障机制，加强系统联调测试，制定应急预案，以确保实施安全、系统可靠。上线运行后，需强化系统应用和常态化运维，坚决杜绝因系统原因导致的资金安全事件。

（三）经验启示

该工作自2019年启动以来，先后完成了典设方案确定、不明款项款清理、系统改造、银行对接、业务联调等重点工作，并选取了4家单位进行试点，通过边试点、边总结的方式，取得了实质性成果。至2021年，已有三家银行具备省级直收业务，共完成省级电费收款20.75亿元。

电费收款"省级集中"一方面体现了资源整合的强大优势。通过将电费收款集中到省级层面，能够统一调配人力、物力和技术资源，有效避免了各地分散管理时可能出现的人员素质参差不齐和资源浪费现象。同时，集中后的信息系统建设更加高效，能够实现全省电费数据的实时监控和分析，为决策提供准确依据。这种资源整合不仅提高了工作效率，还降低了管理成本。另一方面，它强化了风险管控能力。省级集中收款使得风险更加集中，但同时也使得风险更易于识别和管控。可以建立统一的风险预警机制，及时发现并处理异常电费收取情况。例如，对于大客户的电费拖欠风险，能够从全省角度进行综合评估和应对，制定个性化的催收方案。同时，严格的资金管理制度和审计监督机制共同确保了电费资金的安全，有效防止了资金被挪用或侵占等风险的发生。

此外，电费收款"省集中"还推动了服务质量的提升。集中后，可以统一规范服务标准和流程，为客户提供更加便捷、高效的缴费渠道和服务体验。同时，集中的电费账务团队能够更好地处理客户的咨询和投诉，从而大幅提高客户满意度。

总之，电费收款"省级集中"为供电企业的管理创新提供了成功范例，启示我们在未来的发展中要不断强化资源整合、风险管控和服务提升，以更好地适应不断变化的市场环境和客户需求。

第四章

购 电 管 理 实 践

随着电力市场的不断发展和新能源技术的广泛应用，购电管理面临着全新的局面、复杂多变的形势、多样的变化和重大的转折。本章将深入探讨传统购电管理的实践与创新，分析其在电量结算、小水电购电管理以及公司购电管理标准化等方面的现状与发展趋势。同时，针对分布式光伏管理这一新兴领域，探讨如何通过创新工作方式和政策引导，全面提升新能源服务水平，推动分布式光伏的健康、可持续发展。通过展示传统购电管理与分布式光伏管理的所做的努力，我们期望能够更好地服务于发电企业，为促进社会经济发展提供有益的参考和启示。

第一节　传统购电管理实践

在电力市场日益复杂和多样化的背景下，传统购电管理面临着新的挑战与机遇。传统购电管理范围主要包括火电、水电、沼气发电等的并网受理、竣工验收、并网调度协议签订、购售电合同的签订、购电量抄表、购电费计算和结算等购电服务工作。本章将探讨电量结算一站式服务方法，旨在简化结算流程，提高结算效率和准确性。同时，针对小水电购电管理的特殊性，将分析其管理现状及存在的问题，并提出相应的解决方案。此外，为了提升公司购电管理的规范度，还将介绍购电管理标准化办法的实施路径和预期效果。通过这些研究和实践，我们期望能够为电力市场的健康发展提供有力的支持和保障。

传统购电管理实践一：电量结算一站式服务管理方法研究

（一）项目背景

在电力市场运营管理中，结算体系是核心组成部分和关键环节。电力市场的最主要特征是以市场化的方式来组织电力交易，结算则是电力交易完成的关键环节。因此，建立公平、合理、高效且具备可操作性的结算体系是保证电力市场成功运营的关键要素。电力市场技术支撑平台为结算体系提供了有力的技术手段，保证了结算工作的准确性和及时性。

随着市场由原来的发电侧单边市场改为发电侧、用电侧联动的双边市场，海量电力用户和发电企业将作为市场成员，进入技术支撑平台运作，服务对象的剧增导致系统计算复杂性急剧增加，对系统支持能力提出更高要求。另一方面，技术支撑平台支撑的交易周期由月度运作提高到准实时运作，在交易和结算环节上需提供高可靠性；同时，技术支撑平台需及时交互电网运行、电能计量、电能结算等大量信息，与调度、营销、财务、计量等系统高度融合。随着全国统一电力市场的不断推进，对技术支撑平台系统适应性的要求也越来越高。

党的十八届三中全会系统部署了全面深化改革的各项工作，明确"紧紧围绕使市场在资源配置中起决定性作用深化经济体制改革"，并指出"建设统一开放、竞争有序的市场体系，是使市场在资源配置中起决定性作用的基础"。三中全会精神为开展全国统一电力市场建设指明了方向。下一阶段，电力市场化作为经济体制改革的一项重要内容可能加快推进。国家电网公司为积极争取在电力市场化改革中的主动权和话语权，2013年第54次党组会通过了建设全国统一电力市场的建设方案，按照"两级部署、统一运作"的思路，建设具有准实时业务支持能力的技术支撑平台，满足海量电力用户接入的全国统一市场运作要求。

（二）现状及问题

根据"三集五大"体系建设和集约化、规范化、标准化管理工作要求，为进一步规范地方电厂购电管理工作，而目前主要存在以下问题：

（1）地方电厂购电管理存在分割与不统一的情况。地方电厂购电多头管理的问题突出，尤其是地方电厂的管理体系有待健全。之前公司购统调电厂及外省外区电量由湖北电网电力交易中心归口管理，而购地方电厂电量则由发展策划部归口管理。这种多头管理的现状导致数据来源、结算方式等方面存在很多不同，进而造成管理机制不健全、购电业务不规范、基础管理不到位等诸多问题，这与国家电网公司"三集五大"体系建设的要求不符。

（2）电能量计量系统与市场交易系统覆盖不足及存在升级需求。相关信息支撑系统覆盖面不足，且亟须升级换代。目前，电能量计量系统（TMR）只覆盖了统调电厂和少数非统调电厂，大部分非统调电厂无法实现集中抄表，这不利于结算工作的严格有序进行。同时，国家电网公司统一省地市公司二级部署的电力市场交易运营系统也只覆盖了统调电厂的购电管理工作，无法支持跨区跨省购电和非统调电厂的购电管理工作。该系统需要升级后才能实现全口径覆盖，并且暂时还无法提供纵向贯通和信息发布功能。

（三）主要做法

为了实现湖北电网电力市场交易平台的全面信息化，必须积极配合国家电网公司统一推广的"电力市场交易运营系统"项目，构建支撑全国统一电力市场运作的公开透明、规范高效的交易平台。具体做法如下。

1. 确定研究思路

本节结合该支撑平台，研究建立省、地、县统一的管理体系，梳理内部管理流程，特别是规范考核电费管理、结算管理、优质服务等相关业务。研究制定"一站式"发电服务意见，探索构建公司对发电企业的协同服务机制，完善信息发布服务，建设网厂双向沟通的有效信息平台。选择试点地市县公司开展地市电厂服务新模式的试点应用，并根据试点应用情况对研究成果进行改进和完善。全面开展新的地方电厂服务模式的推广应用，建立和健全地方电厂档案，实现地方电厂及机组动态管理，将电厂基本信息、机组基础参数、购电交易计划、购电合同信息、发电权交易情况、结算信息，考核信息等与购电管理有关业务有机结合起来，完成全部全口径电厂的注册服务，为地方电厂购电业务的集中管理和规范高效开展奠定基础。

2. 确定主要原则

基于国家电网公司"SG-ERP"总体架构的指导原则，系统总体架构设计需遵循的具体原则如下：

（1）标准化原则。通过建立交易业务标准模型和统一规划应用功能，基于标准数据模型，构建全国统一电力市场技术支撑平台。通过国家电网公司一体化信息平台，实现业务和数据的横向集成。

（2）适用性原则。充分考虑公司总部、分部、省市公司电力交易业务的差异和市场现状，全国统一电力市场技术支撑平台应具备良好的可配置性和可扩展性，通过业务流程、权限的灵活配置等手段，适应电网企业内部业务流程和处理逻辑的变化。

（3）可靠性原则。系统软硬件资源需要保障技术支撑平台 7×24 小时不间断、可靠运行，通过全方位监控、全过程跟踪、全环节交互控制的系统软硬件管理软件，确保系统运行的高度可靠性。

（4）可扩展性原则。系统应采用柔性设计，具备良好的可扩展性，具备业务处理的灵活配置能力，能随着全国统一电力市场技术支撑平台业务需求的变化灵活调整与扩展。

（5）安全性原则。系统建设应遵循《国家电网公司应用软件通用安全要求》，结合电力交易业务应用的特点加强信息安全防护，系统应具备有效的认证、授权和审计机制，实现权限分级和数据分类，能够对敏感数据进行加密，对各类操作进行权限控制。

（6）投资保护原则。系统平台应具备良好的开放性，避免因全国统一电力市场技术支撑平台功能升级造成原有投资浪费或升级受限。

（7）平稳升级原则。平台应能够充分继承原有系统的各项功能，实现已有业务数据的无损迁移，保障系统的平稳升级。

（8）易用性原则。系统应满足用户操作习惯，降低操作复杂度，提高工作效率，满足用户的正常合理要求。

3. 确定管理机制

（1）界定工作职责。发展策划部负责按有关规定组织与发电企业签订并网经济协议，编制和下达省公司年度购电计划，签订年度购电协议；负责确定购电计量关口点及其异动的管理，确认因计量关口异常追补的电量；归口管理电能量计量系统（以下简称TMR系统）。营销部负责省公司所属购电关口电能表的审定、校验和改造；归口管理与相关电力用户的供用电合同，负责确认并向交易中心提供与发电企业交易的大用户每月实际用电量数据。生产技术部（智能电网办公室）负责组织TMR系统项目建设、技术改造；负责TMR系统实用化验收与复查以及准确性考评。交易中心负责省公司购统调厂上网电量、湖北电网跨区跨省购售电交易电量的审核、确认和结算工作；负责每月向财务资产部提交购售电量结算单并向财务管控系统提供电量结算数据；负责以上统调电量结算工作的管理；负责维护电力市场交易运营系统（以下简称交易运营系统）的相关功能正常运行。湖北电力调度通信中心（以下简称调通中心）负责与发电企业签订并网调度协议，依据电力需求情况安排和执行对发电企业的购电计划和跨省跨区电能交易计划；负责提供新建机组并网时间和完成试运行时间；负责TMR系统的运行维护工作，保证电量数据的准确性，为电量结算提供依据。财务资产部负责依据年度购电协议和交易中心提供的电量结算单审核办理电费结算；负责进行购电成本核算和分析。省公司直属供电单位负责按月审核当地省调电厂上网关口电量，并计入当月该供电单位供电量，如有异常应及时上报发展策划部和交易中心。

（2）确定工作内容。对交易电量实行按月结算，保管电量结算单，按期存档。按照有关规定、合同、协议等开展发电权交易、大用户协议购电、组织电厂售外省外区电量等。购售华中电网有限公司（以下简称网公司）电量结算工作。购省内统调厂上网电量结算工作。每月1日中午12时前完成当月电量结算需要的TMR系统采集数据的校核工作，如出现异动或故障而影响电量结算，应按《湖北电网电能量计量系统（TMR）管理办法》相关规定及时处理并通知交易中心；提供电量结算所需要的其他数据和资料。出具月度电量交易结算单作为电费计算依据。在每月12个工作日内完成上月结算工作，并提交交易结算汇总表。按《湖北省电力公司电能量关口计量管理办法》（试行）和职责分工负责关口计量点的确定与调整、关口计量装置的管理。当关口计量装置异动或出现故障、差错而影响电量结算时，归口管理部门应及时组织调查处理。

（3）确定管理流程。电量电费结算及统计分析管理包含跨区跨省电力交易结算、发电企业上网电量结算、电厂并网运行和辅助服务考核、购电分析及统计等4个标准化管理流程，按上级电网公司和电力监管部门要求，规范开展购电计量、抄表、核算和支付等工作。对于上网电量较少的电厂，在与发电企业协商一致的情况下，可采用一次付款方式。严格执行国家电价政策，不得变相降低电厂上网电价标准。强化购电结算审核管理，地（市）、县公司地方电厂月度购电量结算单须经上一级公司审核，逐步由省公司集中开展结算业务。下面简要介绍结算流程。

统调电厂结算步骤：

1）每月 1 日，电力交易中心、各地市供电公司购电专责、发电企业核对关口表码，确定上网电量，并由交易中心和发电企业完成在交易平台的电量录入。

2）每月 5 日前，电力交易中心汇总统计完成各类交易成分电量值，录入交易平台，并对相应电厂完成结算计算。

3）发布结算单，发电企业登录其客户端核对其结算单每一个单元的正确性，并确认。

4）电厂开好发票，来省电力公司办理结算；交易中心将结算单提交审批，横向传数据到财务管控系统，财务资产部根据结算单和发票完成支付。

非统调直购电厂步骤：

1）每月 1 日，电力交易中心、各地市供电公司购电专责、发电企业核对关口表码，确定上网电量，并由交易中心完成在交易平台的电量录入。

2）每月 5 日前，发电企业将于各地市供电公司购电专责核对好的上网情况表和调度出具的情况说明发至交易中心公共邮箱，电力交易中心汇总后计算各非统调直购发电企业合格电量。

3）每月 8 日前，交易中心通过邮箱给非统调直购发电企业发布结算单，发电企业登录其客户端核对其结算单每一个单元的正确性，并确认。

4）电厂开好发票，来省公司办理结算；交易中心将结算单提交审批，横向传数据到财务管控系统，财务资产部根据结算单和发票完成支付。

湖北交易平台单轨制运行完成后，将继续开展平台深化应用提升工作，提高实用化水平。

4. 远期市场设计及展望

（1）电力交易结算体系的建立需要以价格机制改革为先导，对此需要寄望于我国电力体制改革能够进一步深入进行。

（2）电力交易结算体系应当考虑监管机构对全过程的实施科学监管。

（3）在结算过程中应当充分发挥电力交易中心的核心管理作用。

（4）电力交易结算体系必须建立公平公正公开的结算规则，并引入结算前的发布机制和结算后的调整机制。

（5）电力交易结算体系必须以先进的电力市场技术支撑平台为基础，并引入辅助机构进行协助工作。

（四）经验启示

（1）数据支撑有力。以支撑统一电力市场运作为目标，从电力交易中心基本业务出发，为交易管理、计划管理、合同管理、结算管理、市场成员注册、交易全景展示、市场分析与预测、信息发布等各应用提供必要的横向数据支撑。

（2）部门协同有力。平台实现营销部、调控中心、财务部、经济法律部、发展策划部相关专业信息系统业务数据的集成，促进电力交易业务开展，及时掌握电网生产情况，更准确预测电力市场动态，快速、及时获取电力用户与发电企业直接交易、跨区跨省交易、电网平衡预测、发电计划编制、电量结算等业务工作所需生产数据资料，提高业务管理水平，加快推进统一电力市场建设。

（3）结算信息可靠。电量结算一站式服务构建了统一的信息平台，实现了数据共享，简化了流程，提高了结算效率，与"三集五大"和"建设坚强智能电网"的适用性、可靠性、安全性等原则相适应。

此外，注重客户需求，提供个性化服务，提升客户满意度，是电量结算服务管理的核心。在湖北电力市场结算体系的研究中，我们根据地方实际情况，提出了切实可行的解决手段和策略，充分体现了对客户需求的关注。同时，强化风险防控，制定应急预案，确保结算安全，是对电力市场稳定运行的必要保障。

综上所述，以客户为中心，优化服务流程，创新管理手段，同时遵循国家电网公司的指导原则，是电量结算一站式服务管理的经验所在。这些启示将指导我们在未来的工作中，继续推进电力市场结算体系的智能化、标准化和个性化发展。

传统购电管理实践二：小水电购电管理研究

（一）项目背景

近年来，电厂迅速增长，光伏电站和风电厂规模不断扩大，公司电力交易中心购电管理业务量大幅增加。为提升管理效率，实现量升质不减购电管理目标，省公司将非直购电厂考核结算业务保留在地市公司或县市公司承担，并调整了部分小水电的管理归属，以减轻省公司工作压力，并为电力交易改革提供支持。

为更好地服务于发电企业，创造有利于电网公司发展的购电侧环境，这是购电管理工作一项战略性工作。电力交易中心根据地方电厂的诉求，2017年对地方电厂的结算意愿进行了全面调研，由电厂选择是否到省公司进行电量结算，还是就近到地市公司结算。根据意愿征集结果和调研结果将一批小电厂的结算权限下放到地市公司，方便电厂开展结算业务，以更好地服务发电企业，构建端到端的流程结构。本着从发电企业的需求出发，实现就近结算，优化业务的端到端流程，通过快速、高效的服务，降低人工成本、财务成本和管理成本，实现整体业务的高效、优质运转，从而实现管理提升。

开展小水电购电管理研究，对公司推动地方非直购和直购非统调发电企业管理，交流管理经验，提升管理质效，都十分有益。规范水电站的购电管理工作，需以电厂为中心，以服务为导向，深入思考，持续改进，依法依规签订购售电合同，提升电能量采集能力和数据的准确性，为推进电力市场交易平台应用的深化和购电管理信息化打下基础。市公司和县公司要更好地服务于发电企业，就需要融入购电一体化工作之中，在省公司购电管理工作考核体系的统一指导下开展日常工作，做到规范、公正。只有这样，才能经受得住外部的监管，才能经受得住客户的质疑，才能持续推动供电企业的健康发展。

（二）主要做法

非直购小水电厂与省公司委托的直购非统调电厂的结算业务流程存在差异，需要研究制定更加切合地方实际，更利于开展结算管理，更便于发电企业操作的结算方式，提出不同方式下的管理考核办法及优化简化业务流程的具体做法。

（1）购售电合同的管理。为规范管理，防范风险，所有 6 兆瓦及以上电站和单独核价小水电电厂的购售电合同均由省公司与电厂签订。非直购小水电购售电合同不单独核价的，由地市公司或县公司与电厂签订，根据每年的发电情况预测、银行结算账户变更情况及其他约定，签订年度购售电协议。为此，公司需要特别关注新投产的小水电站是否需要单独核价，如果需要，就要求电厂向省公司、市公司提供项目核准文件、新建发电机组并网运行批复、电力业务许可证（单个电站容量在 1 兆瓦以下的豁免）、接入系统审查意见、可行性研究报告或初步设计报告、电力主接线图、主要技术参数、产权分界点图、关口计量点图、地理分布图、营业执照等资料。资料齐全后，需向省公司提交签订购售电合同的请示，并组织电厂参加购电管理月度例会。省公司拟定购售电合同文本提交电厂完善并予以确认，之后省公司走经法系统流程，双方签字盖章。需要特别说明的是，一定要防范单独核价小水电管理风险，其只能跟省公司签订购售电合同，之前不允许地市公司或县公司与小水电厂签订任何并网经济协议或购售电合同以及并网调度协议，否则容易导致电厂拿着相关合同或协议直接到省物价部门申请核价的被动局面，引起纠纷，甚至造成上访等负面舆情。

（2）电量计划的上报。非直购小水电上网电量计划管理一般都是通过年度购售电合同一次性进行约定，实际执行结果没有进行考核。而直购非统调电厂电量计划一般为电厂方每月 20 日前后向地市公司专责报送，同时在外网电力交易平台录入，市公司购电专责进行审核上报，省公司再提交电厂确认，形成一个闭环管理。通过往年数据支持及调研结果，评价地方小水电厂发电计划考核的必要性。由于水电为可再生清洁能源，也是电价质优能源，保证水电悉数入网，于国家清洁能源政策实施有利，于公司经营增效有利，于电厂生产增收有利。可以多方研究考虑委托结算电厂上网电量计划执行问题，电量计划上报主要作参考用，方式以电厂报送、地市收集汇总、省公司本部审核下达为主。为提升直购非统调电厂上网电量计划管理水平，国网黄冈供电公司率先试行在每月中旬对电厂当月月中实际发电进度进行跟踪，若发现实际上网电量与计划进度电量差异在10％以上，则及时汇总报告省公司，以便对上月上报的月度计划进行修正，为调度部门的电力调度提供更加科学的依据。

（3）上网电量的采集。非直购地方小水电目前大多没有安装TMR系统，主要由县公司计量部门抄表或委托供电所抄表，而委托结算的直购非统调电厂目前基本上已安装TMR系统等采集装置，涉及TMR系统建设、运维职能。随着"三集五大"的深入推进，推进"三集五大"体系建设深度磨合提升，各地市公司也相继启动了业务职能调整交接工作，根据《国网湖北省电力公司关于印发"三集五大"体系全面建设操作方案的通知》、公司《关于明确部分安全生产业务界面的函》等文件精神，各地市单位购电管理工作职能从发展策划部调整到营销部。原本调度部门负责TMR系统的建设、调试、运行维护及技术培训，负责表计接入TMR系统，及时更新TMR系统信息，保证月末TMR系统的接通率和业务变更在当月发布到位。而经过职能调整，并网服务、TMR系统管理等购电管理相关工作归口到营销部。电量表码报送工作需要结合TMR系统建设、运维工作，确保班组人员履职到位，保证系统能每月正常采集表码。定期开展关口计量装置、采集装置的巡查工作，对可通过电能量采集系统准确采集、核算上网电量的计量关口，应到现场核对数据；对不能准确通过电能量采集系统采集上网电量的计量关口，由计量专业班组及时进行现场消缺处理。随着TMR系统的普遍应用，表码抄录实时清晰，共享共通，因此可以考虑对省公司不再报送相应报表，而采用地市公司集中快报的方式报送省公司，以降低电厂每月抄表的工作量。

（4）上网电量的审核。县公司负责对当月非直购小水电上网电量数据负责审核，地市公司进行汇总确认。而委托的直购非统调小水电电厂电量审核表一般由地市公司和县公司同时在TMR采集系统里采录，县公司上报报表，地市公司核对确认并签字盖章上报。电量确认的流程体现了属地化管理原则，同时要求地市公司严格把关，杜绝县公司人为调整线损而虚增或虚减电量的现象。通过研究制定优化审核手续，如通过QQ、微信等实时工具与手段，购电管理人员第一时间与电厂核对好每月电量表码，避免电厂端数据有误造成已盖章审核单失效需重新制表盖章的问题。另外，还需对电量结算周期及时限进行研究，切实保证多方利益，适当放宽限制，满足各电厂不同的工作时间安排。对于省公司结算（未委托地市公司结算）的直购非统调小水电电厂结算流程与其他非统调电厂结算流程一致，即地市公司统计上报电量数据，核定应结算上网电量并盖章，再由电厂送省公司进行结算。

（5）辅助服务的考核。非直购小水电厂都装了多功能表，每月都对电厂进行无功考核。首先要采集有功止码和无功止码，计算出有功电量和无功电量，按有功电量的75％计算应发无功电量，将实际无功电量减去应发无功电量，两者之差乘以0.01就是要扣除的无功考核电费。而对于委托的直购非统调小水电电厂均为装机容量并不很大的水力发电厂，且多为径流式，辅助服务考核考虑只考核基本调峰。基本调峰是指非统调发电企业在规定的最小技术出力到额定容量范围内，为了跟踪负荷的峰谷变化而有计划的、按照一定调节速度进行的发电机组出力调整所提供的服务。按照相关规定，非统调发电企业的基本调峰以其上网电量峰平谷比例进行计算考核。当发电企业当月峰平谷实际比例不超过当年基本调峰峰平谷比例，视作发电企业提供基本调峰服务，即发电企业当月平段电量/峰段电量≤当年平段基本调峰比例，并且发电企业当月谷段电量/峰段电量≤当年谷段基本调峰比例。当发电企业当月峰平谷实际比例超过当年基本调峰比例，视作发电企业未提供基本调峰服务，即发电企业当月平段电量/峰段电量＞当年平段基本调峰比例或发电企业当月谷段电量/峰段电量＞当年谷段基本调峰比例。当月实际电量超过年度计划月平均水平的115%，则该月份为丰水月份；如当月实际电量低于年度计划月平均水平的85%，则该月份为枯水月份；如当月实际上网电量介于年度计划月平均水平的85%～115%，则该月份为平水月份。在丰水月份，基本调峰比例为1:1.37:0.92；在平水月份，基本调峰比例为1:1.18:0.64；在枯水月份调峰比例为1:0.93:0.41。未调峰考核电量是指当月上网电量的平段、谷段高于当年基本调峰比例的差额部分的30%。如确为系统需要，经所在区域地市电网经营企业书面证明和甲方确认后，乙方未调峰电量不超过当月上网电量的1.5%。

该项电量＝MIN｛30%×［MAX（平段电量－平段基本调峰比例×峰段电量，0）
＋MAX（谷段电量－谷段基本调峰比例×峰段电量，0）］，15%
×当月上网电量｝

由此可见，相对以前年度来说，2016年度湖北能源局与省公司放松了丰谷平电量考核要求。实际操作中，按照省公司给的一个半自动合格电量计算表来计算当月的合格电量，既方便又准确。确实由于公司系统调用机组发电或因自然气象影响，由调度部门出具证明，按当月上网电量的1.5%计算考核电量。单机容量在1.2万千瓦及以下的综合利用发电企业可不承担电网调峰义务，但不得反调峰，即基本调峰比例为1:1.66:1.33。单机容量在1.2万千瓦以上的综合利用发电企业视同燃煤发电企业，参与电网调峰。生物质发电企业可不承担电网调峰义务，但不得反调峰，即基本调峰比例为1:1.66:1.33。水力发电企业、燃煤发电企业以及单机容量在1.2万千瓦以上的综合利用发电企业的基本调峰比例按《湖北电网非统调发电企业辅助服务管理实施细则（试行）》第四章规定执行。风力发电企业、光伏发电企业不承担电网调峰义务，也不参与反调峰考核电量的计算。前期辅助考核电量结算方式采用地市公司做好考核结算电子表，通知电厂工作人员来领取，经电厂方核实无误，携表至所在县公司签字盖章审核电量，若存在考核电量，还要到地市公司调度部门开取未违反调度指令的调度证明，然后连同电量审核表一起到地市公司营销部签字确认，最后才能凭结算单到地市公司财务部开展电费结算。可以调研电厂结算人员意见，适当简化当中过程，减少中间环节，将电子表单发给县公司或者直接发给电厂结算人员，省去电厂结算人员为一次结算多次奔波的劳顿与抱怨。而非直购小水电电厂的结算相对来说简单些：为了提供一站式服务，国网黄冈供电公司由县公司购电专责统一对电厂开具小水电电费结算单，统一收集电厂开具的发票，统一送到市公司来签字确认并盖章，统一送到财务部门去结算电量电费，小水电电厂只要在家里等候资金到账即可，免去了电厂跑路的辛劳，得到广大小水电厂的广泛赞赏和欢迎。

(6) 购电管理工作的考核。目前省公司对市公司购电管理工作考核体系由同业对标考核和购电管理工作考核两部分组成。同业对标设置了合同管理规范率、结算数据准确率、购电计划执行率及电力交易平台信息完整率四个大的考核指标。从2016年度购电管理纳入同业对标情况看，由于是第一次考核，故存在着考核宣贯不到位、考核标准不够科学合理、考核对象不够明晰等问题，需要在省公司的统一指导下，集中地市公司购电人员智慧进行完善。按照省公司关于印发购电管理工作考核细则的通知规定，购电管理工作考核由基本评分和综合评分两方面构成，其中基本评分包括购电岗位履责、市场成员注册、购电合同管理、月度购电计划管理、购电结算管理、购电统计与分析。综合评分包括市场成员的数量、新能源月度计划准确度、优质服务、信息宣传、平台应用、队伍建设、管理创新、合理化建议等组成。这个购电管理工作考核细则促进了购电管理工作的全面推动，既提升了公司购电管理的基础工作，防范了购电管理风险，又保障了国家电网公司和省公司购电管理重点工作的顺利开展。通过两个考核体系的实施，公司购电管理一体化管理要求得到有力实施，创造了连续两年电力交易平台在国家电网公司第一名的好成绩，一次性直购电交易成功152亿千瓦时的全国之最，消纳了西部地区廉价的新能源，打造了一支业务素质高的购电管理队伍等。从全省购电管理队伍看，大多数单位购电管理工作都是由营销专责兼职开展的，而面对电力交易平台市场成员注册、计划管理、合同管理、结算管理等的推广深化应用，大用户直购电交易业务的开展、新能源电厂的迅猛增长，以及电力体制改革对购电侧的一系列影响等因素，购电管理人员承受的工作业务量成倍增长，工作能力要求大幅增加，特别是针对电量数量较大的单位，兼职购电管理人员难以胜任购电管理工作。

(三) 经验启示

小水电购电管理的研究目标明确，即提高小水电购电管理的效率与效益，促进可再生能源的合理利用。研究思路清晰，从实际出发，以问题为导向，系统分析了小水电购电管理的现状和存在的问题。研究内容丰富，涵盖了以下几个方面：

一是省公司结合电力交易体制改革工作大局，对购电管理工作队伍进行了合理调整，增设了购电管理专责岗，以适应当前购电管理工作的需要，继续把省公司电力交易工作推向国网系统的前列；二是加大小水电站建设、并网转商运及结算管理，以及现有小水电上网电价的管理，确保购电侧稳定和公司既定购电效益的实现；三是积极探索电力交易中心改革后的购电一体化新机构、新流程和新制度建设，在适应电力体制改革需要的同时，保障改革后电网企业的合法利益。总之，越是在电力体系改革加速推进的时期，越是需要加强购电管理的研究，特别是对于购电成本较低的小水电购电管理的研究，提前应对各种挑战，做实基础，做顺流程，做优服务，不断引领购电管理水平上新台阶，创造购电管理的新局面，为电网公司做大做强作出购电人应有的贡献。

传统购电管理实践三：公司购电管理标准化办法研究

购电管理标准化是以获得最佳电力交易秩序和经济效益为目标，对公司购电管理活动范围内的重复性事务和概念，以制定和实施购电管理标准，以及贯彻相关国家、行业、地方标准等为主要内容的过程。

为了满足国家电网公司关于电力市场建设和地方电厂购电管理的各项要求，省公司亟须研究购电管理标准化方法，建立购电管理新模式、新体系。通过加强购电管理标准化建设，为相关电力信息资源的整合，以及发、输、配、购、售电等各方提供坚强优质的服务。同时，购电管理标准化理顺了公司购电管理秩序，为电厂提供及时有效的售电服务，也给公司购电效益最大化奠定扎实基础。

（一）项目背景

国家电网公司目前正在推进电力体制改革，将打破电网公司对电力用户的单一卖家地位，实现电力交易市场化。用户直购电出现，将极大地影响公司的市场占有率。在这个关键时刻，应紧密跟踪电力体制改革动向，并结合湖北地区的实际情况，通过对购电管理标准化方法的研究，将研究成果应用于购电管理工作实际，以便优化购电管理工作流程，整合和引导购售双方资源，推动管理创新，提高购电管理工作运作实效和提升公司购电管理经济效益。同时，购电管理标准化办法研究可为我省电力交易改革试点工作提供重要的参考。

（二）公司购电管理标准化现状及问题

湖北电网是一个全面承接特高压输送电能、以500千瓦电网为骨干、以220千伏电网为主体、110千伏及以下电网覆盖全省城乡、供电人口达到6100多万人的现代化大电网；是三峡外送的起点、西电东送的通道、南北互供的枢纽、全国联网的中心。

（1）现行购电管理体系。目前湖北省电力公司购统调电厂及外省外区电量由湖北电网电力交易中心归口管理，相关部门有：电力交易中心、发展策划部、财务部、调度通信中心。2013年11月之前，购地方电厂电量由发展策划部归口管理。随着国家电网公司"三集五大"管理体系的推进，之后改由电力交易中心归口管理。

（2）购电管理流程。湖北电网购电管理工作分为合同签订与计划编制、操作执行和结算与分析三个环节。其中，合同签订与计划编制环节包括：中长期和年度购电合同的签订，年度发购电计划的建议和下达，月度发电调度计划、月度交易（购电）计划的编制与下达，日发电计划的编制与调整。操作执行环节是指电网调度部门在保证电网安全稳定运行的前提下，执行对发电企业的购电计划和跨省跨区电能交易计划的工作。结算与分析环节包括：对发电企业上网电量和湖北电网跨区跨省购售电交易电量的审核、确认和结算工作；计算公司购电量、价、费等指标情况，分析预测发展趋势，为公司购电经营决策提供数据支撑。

（3）信息支持系统。2007年开始湖北电网电力交易中心作为国网系统首批试点单位之一，开始进行电力市场交易运营系统建设，后经过验收并投入运行。自系统上线以来，交易中心一直运用交易运营系统开展业务工作。湖北电网电力交易中心在原调度三公网站基础上经多次改造，形成了湖北电网电力市场交易信息发布网站。该网站主要面向省内发电企业、政府主管部门等用户，提供湖北电网基本情况、电网运行情况、三公调度信息披露以及电力市场交易信息。自上线以来，得到了广大用户的好评，取得了良好的社会效益和经济效益。但随着行业形势的发展和用户需求的提高，该网站需要不断进行升级改造。

随着"三集五大"体系深入推进，各地市公司购电管理存在的各式各样的问题日渐暴露出来。如购电管理机制不够健全、购电管理体系不完善、购电管理工作流程不规范、各部门、各单位职责界面模糊，合同范本不清晰、合同签订工作不规范等，这些问题不符合国家电网公司"三集五大"体系建设的要求。因此，公司急需完善购电管理体系、规范购电管理流程，明确职责分工、规范购电合同，实现购电管理"统一、标准、规范、有序"，提升公司购电管理服务水平，进一步规范公司购电管理，从而适应市场和客户的需求，更有效地配置市场资源。

（三）实施对策

按照集团化运作、集约化发展、精细化管理、标准化建设的工作要求，进一步明确工作职责，理顺业务流程，充分发挥公司的规模优势，实现资源综合配置，强化技术支撑和服务举措。公司购电管理标准化分为：购电管理体系标准化、职责分工标准化、市场成员管理标准化、购电合同管理标准化、交易管理的标准化、购电量管理的标准化、购电信息与购电评价的标准化等。购电管理工作包括市场成员注册管理、购售电合同管理、年度购售电协议、跨区跨省电能交易、发电权交易、购电计划与购电方案、购电关口计量、购电量与购电费结算、购电统计分析与信息发布等方面内容。

1. 建立购电管理体系

公司购电管理体系标准化按照统一领导、分级管理、分工负责的原则制定。根据国家电网公司"三集五大"体系结构设置的相关要求，建立公司本部、地市供电单位、县市供电单位购电一体化管理体系。

公司本部直接负责对直购发电企业和电网经营企业的购电管理工作，同时履行对供电单位的监督、指导职能。地市供电单位负责所辖范围内的非直购发电企业的购电管理工作，并需配合公司本部开展公司直购发电企业的购电管理工作。县市供电单位负责所辖范围内的非直购发电企业的购电管理工作，并应配合地市供电单位开展购电管理工作。

公司电力交易中心是公司购电管理工作的归口管理部门，负责组织相关业务部门开展购电管理工作，并对各直属供电单位购电管理岗位人员履行业务管理职责进行监督。

供电单位营销部（客户服务中心）是供电单位购电管理工作的归口管理部门，负责组织相关业务部门开展购电管理工作，并协助交易中心工作。供电单位应在营销部（客户服务中心）内设置购电管理岗位，履行购电管理职责。其中，地市供电单位应根据管理发电企业的数量，设置购电综合管理、购电合同管理、购电计划管理、购电结算管理、购电分析等一个或多个专职（兼职）岗位；县市供电单位可根据情况设置上述专职或兼职岗位。

2. 明确职责分工

电力交易中心、发展策划部、财务资产部、营销部、调度控制中心等五个部门和各供电单位，分工明确，各司其职。

电力交易中心主要职责：组织制定公司购电管理工作的制度，贯彻落实国家的有关政策、法规以及国家电网公司的有关规定。负责签订购售电合同、跨区跨省交易合同、年度购售电协议、发电权交易合同等电力交易合同。组织开展跨区跨省电能交易、发电权交易等各类电力交易工作。审核、确认跨区跨省交易电量和在公司本部结算电厂的上网电量（包括一般电量、大用户协议电量、电力用户与发电企业直接交易电量、发电权交易电量、组织外送电量以及其他交易电量），执行发电机组并网运行管理及辅助服务管理的相关考核工作。依据年度及年度分月电量计划负责编制下达月度购电计划。组织开展购电统计、分析、信息发布工作，向电力监管机构报送相关报表及信息。负责技术支撑平台的建设、应用和管理工作。负责市场成员注册、信息变更、注销等工作。指导、监督供电单位在权限范围内的购电管理工作。组织协调购电管理工作的其他有关事宜。

发展策划部主要职责：编制、下达、调整公司年度及年度分月购电计划。组织审查发电企业接入系统方案。组织设置、变更计量关口点，落实计量关口点接入湖北电能量采集系统，核定关口计量装置故障期间的电量。确定、调整上网电量结算公式。收集、编制、上报发电生产统计等相关报表。参与公司购电管理的其他工作。

财务资产部主要职责：配合价格主管部门核定发电企业上网电价。依据年度购售电协议和交易中心核定的购电量负责结付购电费，并执行电力监管机构"两个细则"考核、非统调电厂辅助服务管理考核等考核所形成的费用的收取和支付工作。核算和分析购电成本。指导、监督各供电单位电费结算、支付等工作。参与公司购电管理的其他工作。

营销部主要职责：督促供电单位落实购售电合同中条款，足额收取购售电合同中约定的相关费用。负责确认并向交易中心提供与发电企业直接交易的大用户每月实际用电量数据。指导、监督供电单位对发电企业的供用电管理以及供用电合同的签订。指导、监督供电单位对分布式电源并网及运营管理工作。参与公司购电管理的其他工作。

调度控制中心主要职责：组织签订省调发电机组（指由省级电网调度机构调度的发电机组，下同）的并网调度协议。负责调度湖北电网及省调发电机组的运行，执行交易计划。开展临时（三天以内及实时）跨区跨省电能交易工作。统计省调发电机组并网运行管理及辅助服务管理的相关考核指标。指挥、指导、监督各供电单位电力调度机构对所在区域内非统调发电机组调度运行管理、负责签订权限范围内的并网调度协议。参与公司购电管理的其他工作。

供电单位主要职责：签订权限范围内的购售电合同、并网调度协议、供用电合同、发用电合同、年度购售电协议和其他必要的合同、协议。负责结算权限范围内的发电企业的上网电量、电费。组织开展权限范围内的分布式电源并网服务工作。按照公司要求对所在区域发电企业进行注册、并网、调度和供用电管理。

3. 理顺业务流程

对湖北电网购电业务进行梳理和重新定义，理顺标准化管理流程。

（1）市场成员注册及准入标准化。与公司发生购售电交易关系的发电企业均应在全国统一电力市场技术支撑平台进行市场成员注册。公司直购发电企业的市场成员注册管理工作由公司交易中心直接办理，非直购发电企业的市场成员注册管理工作由交易中心委托给所在地市供电单位营销部（客户服务中心）办理。市场主体在办理入市注册后方可参与电力市场交易，市场主体信息发生变化或者退出市场时，要办理注册信息变更或市场注销手续，确保技术支撑平台的基础数据正确完整。

（2）购电计划管理强化。购电计划和购电方案的制订应充分考虑经济发展、气候变化和电网的实际运行情况等因素，分析电力电量供需平衡形势，并按照符合国家能源政策，安全、环保、公平、经济原则编制。完善购电计划编制工作机制，制定购电计划编制管理制度，明确由电力交易中心统一编制下达或审核下达购电计划。购电计划下达后要严格执行，对执行结果与购电计划存在的差异，要查找分析原因，提出改进措施。

（3）购电合同规范化。将购电业务相关的各种合同类型，全部纳入湖北电网统一购电管理平台，从起草、签订、备案、履行跟踪到归档实现全面统一、规范化管理。

（4）电力电费结算管理制度化。除省内交易和结算外，主要涉及跨区跨省电力交易结算，发电企业上网电量结算。在电量电费结算方面，需按上级电网公司和电力监管部门要求，规范开展购电计量、抄表、核算和支付等工作。对于上网电量较少的电厂，在与发电企业协商一致的情况下，可采用一次付款方式。应严格执行国家电价政策，不得变相降低电厂上网电价标准。强化购电结算审核管理，地（市）、县公司地方电厂月度购电量结算单须经上一级公司审核，逐步推动由省公司集中开展结算业务。

（5）购电工作考评科学化。制定公司购电管理工作考核细则，注重购电管理考核的科学性和全面性，落实国家电网公司依法从严治企和加强购电管理工作的总体要求，切实履行购电管理职责，发挥供电单位和各级购电管理人员积极性，促进购电管理专业素质和服务水平提升，从而达到购电合同管理规范、计划执行到位、统计分析深化、结算无差错和交易平台实用化的目标。

4. 依托信息支撑

充分发挥技术支撑平台对交易业务的支撑作用，实现各类交易业务平台化运作，并将覆盖范围扩大到各供电单位和非直购电厂。湖北电网的购电管理平台的信息支撑技术的搭建应以国家电网公司推广的《电力交易运营系统》为核心，以横向贯通，纵向连接为手段，加工处理采集的各种数据，更好地服务于购电管理平台的管理和决策需要。

（四）经验启示

2014 年，公司购电业务从发策部门管理移交至营销部门，2021 年又转回给发展与策划部门，购电业务管理标准化需要不断动态完善。由于种种原因，原来发电侧发电量数据从 TMR 和用电信息采集系统中抄录，并通过电力交易平台录入确认，没有在营销 SG186 系统中建档，随着分布式光伏项目巨量增长，给购电管理规范性带来巨大挑战和巨大风险。随着营销 2.0 版系统的推出，2024 年，公司正大力推进购售一体化推进工作。面对海量的发电户的增长、日新月异的新技术发展、电力市场化交易改革的推进等复杂的客观环境，购电管理标准化办法研究需要不断延伸，以适应购电管理新形势和新要求。

第二节　分布式光伏管理实践

随着全球能源结构的转型和新能源技术的飞速发展，分布式光伏发电作为一种重要的清洁能源，推广速度十分迅速。特别是在 2021 年 9 月 21 日，国家主席习近平在第七十六届联合国大会讲话提出：中国将力争 2030 年前实现碳达峰、2060 年前实现碳中和。这意味着，中国在可再生能源领域，特别是光伏和风电领域将加速发展。然而，如何实现"3060"目标，如何高效、安全地管理和利用资源，如何尽可能避免弃光、弃风，如何保障安全的前提下实现并网并提供有序后续服务，成为了当前亟待解决的问题。本节将探讨分布式光伏管理实践中的创新工作方式，以及如何全面提升新能源服务水平。我们将分析电网企业在开展分布式光伏服务工作中的角色与挑战，深入剖析新能源项目并网服务的关键课题，并对湖北地区的分布式光伏政策进行解读。同时，本节还将讨论提高分布式发电量准确率的有效途径，以期为推动分布式光伏产业的健康发展提供有益的参考。

分布式光伏管理实践一：如何全面提升新能源服务水平

（一）项目背景

绿色低碳无碳的新能源是人类社会可持续发展的必然选择。为大力发展新能源，国家先后出台了《中华人民共和国可再生能源法》《国家发展改革委　国家能源局关于建立健全可再生能源电力消纳保障机制的通知》等一系列文件，为新能源的发展提供了坚强的政策保障。作为全球接入新能源规模最大的电网，国家电网公司持续提升新能源消纳能力，促进新能源企业发展。

国网黄冈供电公司秉承服务发电企业宗旨，依据上级出台的《国家电网公司关于印发电源接入电网前期工作管理意见（试行）的通知》（国家电网发展〔2015〕309 号）《国家电网公司分布式电源并网服务管理规则（修订版）》（国家电网营销〔2014〕174 号）《国网湖北省电力公司开通配网扶贫项目"绿色通道"工作实施方案》等，以及国网黄冈供电公司出台的《国网黄冈供电公司关于印发新能源项目并网服务管理指导意见（试行）的通知》等一系列文件要求，坚持"你用电、我用心"理念，通过创新工作方式，优化业务流程，筑牢工作基础，加强过程管控，提升了风力发电、太阳能等新能源的服务水平，实现了新能源发展的历史性突破，为黄冈市社会经济发展作出了重要贡献。

（二）主要做法

1. 打牢基础

（1）培训队伍强素质。一是为提升基层分布式光伏工作人员素质，举办了两期（共156 人）分布式光伏政策宣贯及业务操作培训班。二是为提升基层工作人员政策水平，组织编制了以公司分管领导为组长的《黄冈市光伏政策指南》，该指南对历年来政府文件和电网系统文件进行了梳理，并发至各单位参考学习。

（2）一户一档强基础。针对黄冈光伏项目多而基础资料不齐全的现状，组织各单位完善一户一档资料，将扶贫光伏与非扶贫光伏资料分开装订成册，市、县、所各存一份，统一了资料标准，完善了基础资料信息，从而提升了光伏项目管理风险防范能力。

（3）梳理流程强规范。为明确工作职责，组织财务部、发展策划部、各县市公司专责召开了光伏流程及业务规范座谈会，并拟定下发了《国网黄冈供电公司关于规范分布式光伏业务的通知》，该通知规范了信息变更审批、电量电费信息填报、购电费及补贴结算支付等业务流程，调整了 135 户高压接入光伏项目抄表例日，提前提取了上网电量电费结算数据，压缩了结算周期，进而提升了新能源企业服务质效。

（4）建章立制强保障。加强新能源电厂接入管理，制定了《黄冈新能源电厂及用户厂站的接入管理细则》，明确了光伏接入系统电压等级的界定和管理职责与信息接入方式，将新能源发展与公司电网发展规划相结合，旨在引导新能源的健康快速发展。为有序服务新能源电厂，制定了《国网黄冈供电公司关于印发新能源项目并网服务管理指导意见（试行）的通知》，该指导意见对新能源并网服务全过程职责、工作内容、工作时限进行了明确，以保障新能源电厂并网服务无缝衔接。

2. 协调服务

（1）合同管理规范有序。严格落实"一站式"服务理念，一次性告知客户购电合同签订所需资料清单，协调解决客户提出服务需求。组织电厂、发展策划、调控等部门参加省公司购售电合同例会，配合省公司审核购售电合同文本及其附件资料，及时向省公司汇报新建电厂建设进度情况和电厂并网需求，从而确保了新能源电厂并网投运和购售电合同的管理工作的顺利进行。

（2）结算管理上下并行。在电厂来送审电量前，电厂将编制好的电量结算表、合格电量计算表、电量异常证明等相关信息发至与电厂约定的专用邮箱，经购电专责线上审核无误后，通知电厂打印相关资料并盖章，送至营销部进行线下签字盖章确认，此举避免了因客户电量报表信息错误导致的重复跑路现象，提升了结算效率。

（3）并网服务协同有效。一是积极协调发展策划部、调控中心、信通公司、运检部、运检分公司、计量部门等开展新能源发电项目的设计审查和竣工验收等并网服务工作。特别是碰到抢"6.30"节点或"12.31"节点时，多次组织召开内部联席会，商讨并网服务事宜。公司各部门大局意识强，总是急电厂之所急，利用双休日时间，克服一切困难，稳妥有序地帮助新能源电厂早日投产。二是主动向市发改委汇报新能源项目施工进度，协同电厂向市发展改革委申请办理并网运行批复文件，为项目并网奠定法律基础，实现了新能源发电项目同步建设，同步接入，同步并网目标。

（4）补贴兑现三级把关。省、市、县三级营销部门分别协同同级财务部门开展扶贫光伏补贴申请和兑现工作。具体流程为：由省公司营销部协同财务部发布补贴申请填报要求并指导，县公司填报后由市公司指导并复审，市、县两级公司财务部、营销部填报人和部门负责人签字，加盖公章，最后由市公司财务部门统一上报省公司财务部。省公司财务部根据资金情况直接拨付到各县扶贫专户，实现了补贴资金申请和拨付的无差错。

（5）信息采集及时准确。一是监控及时。每天登录 TMR 系统一次，查询全市电厂峰谷平值，查看所有电厂采集的数据是否完整，是否有异常。二是处理及时。对于电厂反馈的表计烧坏或时点设计不对影响峰谷平电量统计等计量异常信息，及时与发策部、调控中心、计量室联系，督促计量对采集异常情况进行恢复和处理。三是降本保障。将原来接入电网系统的新能源厂站和用户变仅可采用光纤方式通信改为无线通信方式，成本降本了80%以上，此举得到光伏业主的大力支持，从而实现光伏数据全采集的目标。

3. 闭环管理

（1）建立零度电量管控机制。为避免零度电量造成新能源企业电量损失，拟定下发了《关于加强分布式光伏零度户管理的通知》，开展分布式光伏零度户跟踪分析工作，每月在报表正式生成前 4 个时间段对分布式光伏零度户进行排查，发现计量问题，及时整改，若问题属于业主，则由所在供电单位向业主发送《光伏业主设备故障整改联系函》，业主在联系函上签署意见并签字盖章后反馈。每月 19 日前，各单位将填报的《黄冈市分布式光伏零度户统计表》上报市公司备案，从而实现零度户的闭环管理，提升了抄表质量，减少了零度电量发生，为光伏业主挽回了损失。

（2）建立电量突增突减分析机制。组织各单位对发电指数异常（发电指数大于 1.7 或小于 0.5 或电量突增突减 50%）情况进行分析，并按月下达电量异常情况通报。对于业主原因造成的，督促各单位与业主沟通处理；对于属于电网企业责任的，督促各单位整改到位。

（3）建立电量异常情况预警机制。充分利用智能核算功能，在分布式光伏电费复核和电费审核界面预警，对所有当月发电量为零度及当月发电量在 3000 千瓦时及以上且电量环比增加或减少 300% 的光伏项目进行预警，下发电量异常工单，待县公司反馈原因后再发行。

（4）建立工作质量问题考核机制。对因工作人员工作失误导致的电量异常，根据《国网黄冈供电公司一般营销工作质量差错处理细则》对相关责任人进行处理，并将其纳入单位对标体系进行考核。

（5）建立电量预测机制。一是建立预测沟通机制。建立电厂微信群，按时发布电量预测通知，督促电厂将当月电量计划完成跟踪结果发送至指定邮箱，并在电力交易平台里申报下月电量计划后发送到指定邮箱。收集完跟踪当月信息及下月电量信息后，与去年同期数据进行比对，同时结合天气预报情况，对差异较大的情况及时与电厂联系，协商修正，最终按修正后的数据进行完善，再报省公司。二是建立预测分析机制。每月 1 日，编制月度电量预测完成情况表，对计划数、实际数和修正值进行对比，与电厂沟通差异产生原因，为提升今后电量预测准确率积累经验。

（三）经验启示

通过夯实服务基础，强化有效协同，加强过程管控，公司新能源服务工作水平得到大力提升，并取得实效：新能源服务实现零投诉，新能源消纳率达 100%，新能源规模实现新突破，为黄冈市社会经济发展作出重要贡献。

总的来说，创新工作方式以全面提升新能源服务水平，关键在于强化基础设施与规范管理，完善规章制度，优化合同与结算流程，提高并网服务效率，严格补贴审核，确保信息采集的准确性与时效性，并建立工作监督与预测机制，从而实现新能源服务的规范化、高效化和智能化发展。

分布式光伏管理实践二：如何开展分布式光伏服务工作

（一）项目背景

国家大力发展新能源产业，光伏、风电、生物质能等新能源电源发展迅速。黄冈市风电和光伏项目发展也十分迅猛。截至 2018 年 8 月，黄冈市新增风电项目 5 个，新增装机容量 29.55 万千瓦，新增集中式光伏项目 15 个，新增装机容量 77.244 万千瓦，新增分布式光伏项目 3000 多个，新增装机容量 31 万千瓦，风光项目在短短 3 年内装机容量增加 138 万千瓦。如此快的增长势头，对电网企业来讲，在并网接入、运维服务、结算管理等方面带来前所未有的压力。特别是分布式光伏项目，由于其分布广、业主多，相关服务难以及时到位。本节结合自身做法，浅析电网企业如何做好分布式光伏服务工作。

（二）主要做法

1. 做好并网服务工作

（1）建立健全分布式光伏并网服务制度。根据《国家电网公司分布式电源并网服务管理规则（修订版）》规定，电网企业要统一管理模式、技术标准、工作流程和服务规则，整合服务资源，压缩管理层级，精简并网手续，并行业务环节，推广典型设计，开辟"绿色通道"，以加快分布式电源的并网速度，为分布式电源业主提供"一口对外"的优质服务。为有效落实国家电网公司的工作要求，下发了《国网黄冈供电公司关于印发新能源项目并网服务管理指导意见（试行）的通知》文件，对并网申请、接入方案答复、设计文件审核、并网验收与调试、并网运行等各个环节进行了统一规范，并明确了市、县两级营销部（客户服务中心）负责"一口对外"的窗口，负责协调全市新能源电源项目的并网服务管理工作。

（2）建立专门机构开展分布式光伏并网服务工作。为做好"一口对外"协调并网服务工作，在市级电网企业的客户服务中心设立了智能用电班。该班组主要负责黄州城区和各县市公司 10 千伏及以上光伏发电业务的现场勘查、接入系统意见的答复、10 千伏及以上接网工程设计审查的组织、10 千伏及以上光伏发电项目并网验收和购售电合同的签订工作。而 10 千伏以下的光伏并网服务工作由县级电网企业的客户服务中心市场报装班承担，市级电网企业的客户服务中心对其业务进行指导。

2. 做好分布式光伏结算服务工作

为做好分布式光伏电量电费结算服务工作，省级电网企业下发了《国网湖北省电力公司关于印发分布式光伏发电项目电量电费结算指导意见的通知》。市级电网企业在多次调研的基础上，遵照省公司文件要求，组织全市光伏工作骨干，编制了《国网黄冈供电公司光伏项目结算知识手册》。实际工作中，市、县两级电网企业营销部门和财务部门通力合作，有序开展上网电量电费结算工作，具体做法介绍如下：

（1）10千伏发电用户在所属地客户中心签订购售电合同后，由属地客户服务中心组织并网验收送电。各单位财务部门在接收到客户中心签字盖章的并网验收单和购售电合同后，确认该户为发电上网用户，并按照财务部门要求予以结算。

（2）项目所在地电网企业营销部门（客户服务中心）负责按购电合同约定的结算周期抄录分布式光伏发电项目的上网电量和发电量，将这些数据录入SG186营销系统并发行；计算应付上网电费和补助资金，并与分布式光伏发电项目业主进行确认；在收取增值税发票或代开普通发票后（居民用户由电力部门代开光伏补助普通发票，非居民用户由用户到国税部门开具增值税发票），及时将项目的发电量、上网电量、补助资金、上网电费等信息录入光伏发电项目结算清单，由项目所在地营销部门负责人签字盖章确认后，将光伏发电项目结算清单和发票等信息报送给当地财务部门。

（3）当地财务部门负责汇总审核项目收款人信息和发票金额，核对一致后进行统计处理，并按照合同约定的收款单位账户信息及时通过转账方式支付上网电费和补助资金，同时将上网电费和补助资金的支付情况及时反馈给营销部门。

通过营销部门与财务部门的通力合作，实现了电量电费的及时结算，及时准确填报了扶贫光伏第一批可再生能源补贴基础信息表，兑现了政府可再生能源补贴，获得了分布式光伏业主的认可。

3. 做好分布式光伏基础信息工作。

（1）建立项目"一户一档"制度。为准确确定每个光伏项目的备案时间、并网投运时间、结算周期等信息，要求每个光伏项目，都要建立一整套基础资料，包括备案证、并网申请、并网申请人身份证及营业执照、并网竣工验收单、合同等原始件。清理后动态地做好新报装并网光伏项目的"一户一档"工作。

（2）建立项目基础台账。编制黄冈市第一批扶贫光伏基础信息表、黄冈市未纳入第一批扶贫光伏基础信息表，要求逐项填列备案信息、并网信息、合同信息、电量信息、电费及补贴信息等，共70列信息，从而打造了强大的光伏项目大数据信息库。

（3）全面核查台账、纸质、系统信息。为统一规范基础管理，提升信息的真实性和有效性，下发了《国网黄冈供电公司关于开展分布式光伏基础信息集中核对工作的通知》。根据通知要求，抽调了全市光伏工作骨干近20人，集中开展了为期10天的光伏基础信息清理工作。这次集中清理工作，是在"一户一档"基础资料、基础信息表、营销系统信息完善的基础上，实行交叉核查，将其逐一进行核对，并实时纠正，确保了纸质信息、表格信息与营销系统信息三者之间的一致。

（4）建立市、县两级分布式光伏服务工作微信群。为有效指导基层开展分布式光伏服务工作，建立了市、县两级工作微信群，旨在及时宣传国家光伏补贴政策，指导基层开展光伏服务业务，规范服务行为，及时发现并解决光伏服务中存在的隐患，基层无法解决的，及时向市级电网企业报告以求解决，将问题消灭在萌芽状态中，杜绝用光伏服务违规和服务不到位现象而引起的光伏投诉事件的发生。市级分布式光伏服务工作微信群成员由市、县两级电网企业的营销部（客户服务中心）相关工作人员组成；县级分布式光伏服务工作微信群成员由县级电网企业的营销部（客户服务中心）相关工作人员、供电所相关人员、各光伏业主相关人员组成。

（三）经验启示

通过建章立制、机构完善、调研座谈、集中核查，以及发策、调度、运检、营销、财务等多个业务部门的协同合作，分布式光伏已经走上正轨，基本适应了当前分布式光伏在并网服务和结算服务等方面的要求，为响应国家新能源发展战略履行了应有的社会责任。

坚持以用户需求为导向，优化并网流程，简化手续，提高服务效率；强化政策宣传和技术指导，提升用户对分布式光伏的认知度和参与度；构建多元化合作模式，与地方政府、企业、社区等多方联动，共同推进分布式光伏项目落地；注重服务质量，建立完善的售后服务体系，确保用户利益；同时，利用大数据、云计算等技术手段，提升电网调度和运维水平，保障分布式光伏发电的安全稳定接入，为推动分布式光伏健康发展提供了有力支撑。

分布式光伏管理实践三：新能源项目并网服务课题研究

（一）项目背景

1. 新能源电厂发展迅速

所谓的新能源电厂包括风力发电、海洋能发电、地热发电、太阳能发电、生物质能发电、磁流体发电。因黄冈市目前只有风力发电、太阳能发电、生物质能发电三种，而近年来新能源电厂增加迅猛的主要是风力发电和太阳能发电。太阳能发电又分为光伏电站项目和分布式光伏项目。又因为风力发电项目与光伏电站项目并网服务流程和管理内容相似，故本节主要以集中式光伏电站项目和分布式光伏项目为例，开展新能源电厂并网服务专题课题研究。所谓分布式光伏，主要有两类：一是 10 千伏及以下电压等级接入，且单个并网点总装机容量不超过 6 兆瓦的分布式光伏电源；二是 35 千伏电压等级接入，年自发自用电量大于 50％的分布式电源，或 10 千伏电压等级接入且单个并网点总装机容量超过 6 兆瓦，年自发自用电量大于 50％的分布式电源。除以上两种情况外的光伏发电项目，属于集中式光伏电站。

2011 年以来，国家发展改革委、国家能源局、国家财政局相继出台一系列支持、鼓励太阳能光伏发电的政策，这些优惠政策不仅对太阳能光伏发电企业补贴力度大，而且科学合理。如对家庭屋顶太阳能光伏发电项目每度电补贴 0.42 元，使得投资得以在较短期内回收。近年来，政府大力鼓励生态农业与光伏产业相结合发展，一批渔光互补、农光互补光伏项目如雨后春笋般在中国大地上涌现。2015—2018 年，黄冈市新增加风电

4 座，占全省 44 座的 9％，装机容量 257.5 兆瓦，占全省 2346.3 兆瓦的 10.97％；新增集中式太阳能光伏电站 20 座，占全省 64 座的 31.25％，装机容量 745.44 兆瓦，占全省 2271.59 兆瓦的 32.82％；新增垃圾发电站 1 座，装机容量 1 兆瓦。新增新能源电厂装机总容量达 100.394 万千瓦，占全省的 21.72％，突破 100 万千瓦，新能源电厂装机容量居全省前列。如果再加上分布式光伏项目 1915 个，总计 24.407 万千瓦，黄冈市新能源项目近三年新增装机总量达到 124.801 万千瓦，发展迅速。

为支持扶贫光伏并网工作，国务院扶贫开发办公室和国家能源局下发《关于印发光伏扶贫实施方案的通知》，国家电网公司也下发了《关于加快推进村级光伏扶贫项目并网服务工作的紧急通知》。这些通知要求高度重视、强力推进光伏扶贫项目，主动对接、提前介入，加快速度、特事特办，同时加强宣传引导、防范舆情风险。要将责任"落实到县市，精确到个人"，实行"一对一"跟踪服务，按照"应接尽接、宜并尽并、应结尽结"的原则，确保光伏扶贫项目及时并网发电，并按照约定周期结算上网电量，及时拨付政府补贴。

2. 政府发展改革委和能源局等对新能源电厂建设要求严格

（1）建设管理要求。根据鄂发改办〔2014〕194 号文件要求，省发展改革委、省能源局负责新能源电厂发电规划指导、建设和运行的监督管理，以及年度指导规模管理、电站项目备案等工作。各市、州、县（市、区）发展改革委（局）、能源局（办）负责本地分布式光伏发电项目备案管理等工作。

（2）计划规模要求。每年 12 月末，由各市、州发展改革委、能源局（办）负责在总结本地区发电项目建设及运行情况的基础上，研究提出下一年度需要国家资金补贴的项目规模申请，并报送省发展改革委、省能源局。省发展改革委、省能源局根据各地项目建设、运行情况和报送的年度规模申请，研究制订全省发电项目年度规模计划，并报送国家能源局审核。国家能源局下达的电站年度指导规模由省发展改革委、省能源局统筹管理，不分解下达到市、州。国家能源局下达的分布式发电项目年度指导规模由省发展改革委、省能源局综合考虑各地区资源禀赋、发展条件、配套政策措施和上一年度分配的规模计划完成情况等因素，按照优先支持新能源示范城市和绿色能源示范县、优先支持使用我省产品的项目、优先支持项目建设实施好的地区，以及兼顾市、州平衡的原则，分解下达各市、州。个人在住宅区域内建设的小型分布式光伏发电项目，不受地区规模指标限制，若申报的规模超过本地分配的规模计划，市、州发展改革委、能源局（办）可向省发展改革委、省能源局申请增加相应规模指标。未纳入年度指导规模的项目，不享受国家资金补贴。

（3）项目备案要求。对电站实行省级备案。项目单位提出备案申请时，须提供：项目实施方案、项目场址使用或租用协议、省级电网企业出具的并网审核意见、项目单位营业执照、自有资金证明和银行出具的贷款承诺函等书面证明材料，经市、州发展改革委、能源局（办）初审并出具项目真实性承诺函后，报送省发展改革委、省能源局。对分布式光伏发电项目实行属地备案。项目单位（或个人）提出备案申请时，须提供：项目实施方案（主要包括项目投资主体、建设地点、建设规模、运营模式等）、建筑物或场地及设施使用或租用协议，项目所在地电网企业出具的并网审核意见，项目单位营业执照或个人居民身份证，项目单位与电力用户签订的售电合同或合同能源服务协议等书面证明材料，报项目所在地发展改革部门备案。对个人利用自有住宅区域建设的分布式光伏发电项目，可由当地电网企业直接登记并集中向当地发展改革部门备案。

（二）主要做法

1. 创建工作机制

（1）加强内部协同管理。督促各单位加强与光伏项目业主协调力度，尽快完善手续，签订购售电合同。加快光伏项目报装环节的建档进度、计量采集接入进度和结算办理速度，确保手续齐全后一次性办妥购电费的结算工作。联合相关部门对各单位光伏项目并网服务和结算服务进行检查，发现主观问题将从严追责，并在县级公司同业对标以及业绩考核中严格考核。加强设计审查和监管，确保分布式光伏项目的质量和安全符合国家标准及要求。经研所确定新能源接入的专责人，定期组织审查人员到现场进行接入系统方案复核和检查，保证接入系统执行的刚性。营销部、运检部等部门对分布式光伏项目的设计审查和并网验收加强监管，组织报送月报，掌握情况，并定期组织验收和并网情况的复核检查。

（2）加强外部沟通与协调。在新能源电厂并网服务过程中，有个别单位对光伏项目建档不及时、不准确，结算不及时，导致光伏业主不满意的现象时有发生。对此，我们加大购电费结算政策的宣传力度，主动让业主掌握政策，并组织专班对全市光伏并网服务及结算情况进行了调查摸底，对存在的服务不到位情况进行了通报，提出了整改意见，并加大了向所在地发展改革委、能源局、物价局、财政局等部门的汇报力度，争取缩短国家和省政府补贴的申请和兑现时限，减轻光伏业主的资金压力。

2. 规范并网服务流程

并网流程包括并网受理、接入流程、并网协议签订与调度，以及购售电合同签订等，主要涉及新能源发电项目与电网之间的技术对接和协议安排。

（1）并网受理。

1）分布式新能源项目接入申请受理条件。不涉及用地的分布式光伏发电项目，需取得县级能源管理部门备案证明，其中，380/220伏接入，且自然人为业主的分布式光伏发电项目，其备案证明可不作为前置条件，优先办理接入电网服务；35千伏、10千伏接入的分布式光伏地面电站项目，若涉及用地，需进入省级能源管理部门的评优项目列表，并取得用地预审意见、选址意见书。

2）常规新能源项目接入申请受理条件。光伏项目需进入省级能源管理部门的评优项目列表，并取得用地预审意见、选址意见书；风电项目需进入国家能源局的风电项目批次核准计划列表，并取得用地预审意见、选址意见书。

（2）接入流程。接入流程主要包括接入系统受理、接入系统审批、接网工程建设、客户工程设计、并网验收调试五个环节。

接入系统受理。符合接入申请受理条件的分布式新能源项目，营销部（客户服务中心）负责受理35千伏及黄州区10千伏分布式新能源项目的接入申请，协助项目业主填写接入申请表，审核并接收相关支持性文件和资料；县（市）公司负责受理属地10千伏及以下分布式新能源项目的接入申请，协助项目业主填写接入申请表，审核并接收相关支持性文件和资料。

接入系统审批。35千伏及10千伏接入系统的，由营销部（客户服务中心）将相关资料转交至发展策划部（包括县公司受理的10千伏分布式新能源项目资料），时限3天。营销部（客户服务中心）组织市经研等相关部门（单位）现场踏勘，时限5天；现场踏勘后，发展策划部组织市经济与社会发展研究所拟定接入系统方案，10千伏时限20天，35千伏时限40天。35千伏、10千伏分布式新能源项目的接入系统方案完成后，由发展策划部组织调控中心、运检部、营销部、属地公司等部门单位评审，时限5天，并出具接入系统审查意见，时限10天。发展策划部将接入系统审查意见转交营销部（客户服务中心），时限1天。营销部（客户服务中心）将接入系统审查意见转交项目业主，时限1天。380/220伏接入系统的，县公司或黄州客户分中心组织拟定属地380/220伏分布式新能源项目的接入系统方案，时限8天；组织接入系统方案审查，并出具接入电网确认单，时限5天；确认单转交项目业主，双方签字，时限2天。

接网工程建设。新能源项目接网工程分项目业主自建和供电公司投资建设两种。所有新能源项目的接网工程，原则上均由供电公司投资建设。

客户工程设计。新能源项目本体工程由项目业主自行出资建设，设计方案需通过公司审查。项目业主提出书面要求自建接网工程后，自行委托具备资质的设计单位，按照批复的接入系统方案开展新能源项目接网工程设计。

并网验收调试。营销部（客户服务中心）组织运检部、营业及电费室、计量室、调控部门、信通部门及发展策划部门分别对并网电站进行验收和调试。发策部门还需对"T"接上网的新能源项目还需明确线损分摊事宜。

（3）并网协议签订与调度。

1）并网协议的签订。省公司调控中心负责签订110千伏及以上接入、装机容量为100兆瓦及以上新能源项目的调度协议；市公司调控中心负责签订110千伏及以下、装机容量为10兆瓦及以上和黄州区35千伏、10千伏新能源项目的调度协议；县（市）公司调控中心负责签订属地35千伏、10千伏新能源项目的调度协议。其中：110千伏接入、装机容量为 100 兆瓦及以上的新能源项目，采取"双签"制，需要同时与省公司和市公司调控中心签订调度协议；35 千伏、10 千伏接入、装机容量为 10 兆瓦及以上的新能源项目，采取"双签"制，需要同时与市公司和县公司调控中心签订调度协议。

2）并网调度管理。为积极服务新能源发电企业，保证新能源发电安全，国网黄冈供电公司不断优化新能源并网调度管理，践行"三公调度"，为新能源电厂顺利并网发电尽职尽责。一是强化接入管理，通过开展电网消纳能力专题分析，积极引导新能源接入，合理安排新能源接入时间和并网地点，避免新能源扎堆上网带来的上网卡口问题。二是强化电网运行管理，科学安排运行方式，在确保电网安全稳定运行的前提下，优化系统调度运行，提高新能源消纳水平，发挥风、光、水电"削峰填谷"的作用，有效避免了由于电力调度责任而产生的弃水、弃风、弃光现象。三是强化厂网协调，通过定期召开厂网联席会、上门服务等措施，加强与新能源厂站的沟通联系，及时了解厂站需求，充分发挥调度机构的协调作用，营造和谐的厂网关系。四是强化网络安全管理，指导和督导新能源厂站严格遵守网络安全相关法律法规和规章制度，认真做好电力实时闭环监控系统及调度数据网络的安全管理，确保电力二次系统安全防护工作切实取得实效。五是强化技术手段，通过改造水调自动化系统，建设清洁能源联合调度系统，不断完善和优化新能源厂站并网管理流程，开展系统管理培训，认真落实调度纪律、信息报送、功率预测等内容，确保互通信息、及时监测、科学调度。

国网黄冈供电公司已与 6 家新能源电站签订并网调度协议，总装机容量 280 兆瓦。截至目前，黄冈管辖的新能源发电量达 8.86 亿千瓦时，节约标准煤 27.01 万吨，减少二氧化碳排放 71.1 万吨。迎峰度夏期间，黄冈新能源最大出力 450 兆瓦，其中在地区最大负荷时刻顶峰 133 兆瓦，减轻了大吉变及张家湾变的负载率，有效缓解了黄冈电网的供电压力。

（4）购售电合同签订。

1）地市公司负责 35 千伏以下接入的新能源项目购售电合同的签订。地市公司营销部（客户服务中心）负责 10 千伏及以上新能源项目、黄州客户分中心负责黄州区 380/220 伏项目、县（市）公司负责属地 380/220 伏项目的购售电合同签订，"T"接上网的新能源项目还需明确线损分摊事宜。其中，自发自用余电上网的分布式电源购售电合同需报省公司交易中心备案。

2）省公司负责 35 千伏及以上接入的新能源项目购售电合同的签订。具体工作如下：

一是地市公司购电专责负责购售电合同相关资料的收集。

相关资料包括：项目核准（批准、备案）文件（跨流域水电，如果是跨地市的由省发展改革委审批）；电力行政主管部门出具的关于新建发电机组并网运行的批复。已投产机组续签、改签协议的发电机组不必提供此项资料（水电 5 兆瓦以下由市经委审批，火电都需由省能源局审批）；电力业务许可证（豁免、证明）（单个电站容量在 1 兆瓦以下豁免）；接入系统审查意见；可行性研究报告或初步设计报告；发电企业向所在区域的地市供电单位行文申请签订购售电合同，供电单位签署意见后将文件转报给公司；电气主接线图，主要技术参数（水库或机组特性、主要设备技术参数、并网线路参数等），产权分界点图，关口计量点图，风电场机组地理分布图示等；一般纳税人资格证书、营业执照、组织机构代码证、税务登记证、人民银行开户许可证等。

二是地市公司向省公司申请与新能源电厂签订购售电合同。

在收集完毕相关资料且新能源项目施工进度达 60％以上时，购电专责需到现场核实工程进度，查看现场施工进度是否属实，现场征地面积与可行性研究或初步设计是否一致，是否具备签订购售电合同的条件。确定符合条件后，要求电厂向国网黄冈供电公司提出与省公司签订购售电合同的申请，黄冈公司向省公司拟写上行文，请示省公司与新能源电厂签订购售电合同。然后指导电厂送完整一份资料到省公司电力交易中心进行审核。

三是地市公司配合省公司召开购售电合同月度例会。

省公司电力交易中心审核完新能源电厂购售电合同相关资料后，确定其是否参加购售电合同月度例会。根据省公司通知，地市公司购电专责组织电厂参加月度购售电合同例会，电厂报告项目建设基本情况，市公司发策部、调控中心、营销部分别对关口和产权分界点、系统接入、现场核实情况进行说明，省公司发策部、调控中心、营销部、财务部等分别就本专业规定提出下步工作要求。省公司电力交易中心对前期资料收集情况，地市公司开展工作情况，以及下步工作作具体安排。

四是省公司组织签订购售电合同。

在政府能源管理部门下达并网批复后，省公司启动购售电合同会签流程。但是会签流程往往需要一个月以上时间，而又要求购售电合同签订后才能签订并网调度协议和供用电合同，这会影响新能源项目并网工作的开展。因此，地市公司向省公司汇报，提请继续开展相关后期工作。为此，省公司根据实际情况，在满足电网技术要求和安全要求的情况下，下达关于签订购售电合同的复函，同意其先期开展并网相关工作。省公司拟定的购售电合同发地市公司购电专责审核无误后，地市购电专责发新能源电厂对合同相关信息进行完善，按要求填写技术参数表，提供清晰的电子档产权分界点图、主接线图等附件。合同文本完善后，提交省公司正式上办公室自动化会签。会签结束后，联系电厂签字盖章，从而完成购售电合同的签订。

五是省公司组织签订年度购售电协议。

在正式并网运行后三个月内，电厂应依法从能源局取得发电业务许可证，逾期将予以解网处理。电厂取得发电业务许可证后，地市公司组织电厂参加省公司召开的年度购售电协议会，以约定年度上网电量计划。

3. 规范项目结算

以光伏项目为例，对集中式光伏电站和分布式光伏项目的结算原则、结算流程、结算标准进行说明。

（1）结算原则。集中式光伏电站由业主与省公司签订购售电合同，并依法取得发电业务许可证和物价批文；分布式光伏业主与国网黄冈供电公司所属单位签订购售电合同，双方按合同结算周期、上网电量和光伏电站标杆上网电价进行上网电费预结算，待财政部公布可再生能源补助目录后进行清算［详见《关于分布式光伏发电项目补助资金管理有关意见的通知》（国家电网财〔2014〕1515号）］。

（2）结算流程。集中式光伏电站由市公司层面采集上网电量数据，与业主核对无误后提交省公司电力交易中心审核，再提交省公司财务部进行结算付款。分布式光伏项目所在地电网企业营销部门（客户服务中心）负责按合同约定的结算周期抄录分布式光伏发电项目的上网电量和发电量；负责计算应付上网电费和补助资金，与分布式光伏发电项目业主进行确认；收取增值税发票或代开普通发票后，及时将项目补助电量、上网电量、补助资金、上网电费和发票等信息报送给财务部门。财务部门负责汇总审核项目收款人信息、发票金额，核对一致后进行会计处理，并按照合同约定的收款单位账户信息及时通过转账方式支付上网电费和补助资金，并将上网电费和补助资金支付情况及时反馈给营销部门。

（3）结算标准。按全额上网和自发自用余电上网分别说明：其中，全额上网电价（含分布式全额上网项目和集中式光伏电站）由燃煤标杆电价、国家可再生能源补贴（下称国补）和省政府补贴（下称省补）三部分组成。

湖北省2015年12月31日及以前投产的全额上网的分布式光伏电站上网电价标准为1元/千瓦时（其中含标杆电价0.3981元/千瓦时，补贴0.6019元/千瓦时；2017年7月1日以后标杆电价执行0.4161元/千瓦时，补贴0.5839元/千瓦时，以下以此类推）。

2016年备案、并纳入以前年度财政补贴规模管理的且在2017年6月30日前并网发电的上网电价为0.98元/千瓦时（若未在2017年6月30日前投运的执行0.85元/千瓦时）。

2017年1月1日及以后备案、纳入年度财政补贴规模管理的执行0.85元/千瓦时上网电价［详见《关于陆上风电光伏发电上网标杆电价政策的通知》（发改价格〔2015〕3044号）以及《关于调整光伏发电陆上风电标杆上网电价的通知》（发改价格〔2016〕2729号）］。

根据《关于对新能源发电项目实行电价补贴有关问题的通知》（鄂价环资〔2015〕90号）第二条规定，对分布式光伏项目补贴0.25元/千瓦时，对光伏电站项目补贴0.1元/千瓦时。实际执行中，在光伏项目投运时，电网企业仅结算燃煤标杆电价0.3981元/千瓦时（2017年7月1日以后执行0.4161元/千瓦时），国补和省补均需审批后财政部门支付，电网企业转付。

自发自用余电上网电价由燃煤标杆电价、国补和省补三部分组成，价格标准分别是0.3981元/千瓦时、0.42元/千瓦时（详见国家电网财〔2014〕1515号文件关于分布式光伏发电项目补助资金管理有关意见的通知第二条第一段规定）、0.25元/千瓦时。实际执行中，自然人和非自然人自发自用余电上网投运后且手续齐全即可同时结算上述燃煤标杆电价和国补，省补部分需要省物价局审批，省财政拨款，电网企业转付。

（三）经验启示

首先，坚持以问题为导向，深入分析新能源项目并网过程中存在的难点和痛点，确保研究工作的针对性和实用性。其次，加强跨部门、跨专业的协同合作，整合优势资源，形成合力，提高研究效率。第三，注重实证研究，通过实地调研、案例分析等方式，总结新能源项目并网服务的成功经验，为政策制定和实际操作提供依据。第四，创新研究方法，运用系统工程、智能优化等先进理论和技术，提升新能源项目并网服务的智能化水平。最后，强化研究成果的转化应用，将研究成果转化为具体政策、标准和操作指南，推动新能源项目并网服务的规范化、科学化发展。这些经验为电网企业更好地服务新能源项目并网提供了有益借鉴。

分布式光伏管理实践四：解读湖北省分布式光伏政策

（一）项目背景

近年来，随着国家能源战略的逐步落地，新能源产业得到了空前发展，特别是光伏设备成本进一步降低，光伏相关产业的利润逐步显现，整村、整乡甚至整县推广分布式光伏的现象比比皆是。作为电网企业，做好光伏项目的并网和结算等服务工作任务艰巨且刻不容缓。然而，人们对涉及规模管理、项目备案、电网接入和运行、计量与结算、电价和可再生能源申报流程等多个方面的政策了解不全面、不深入的情况比较多，这对更高质的服务构成了挑战。为更好地指导当前的分布式光伏项目相关业务工作，对历年来的政府文件和国家电网公司文件进行了研读，形成以下成果，现解读如下。

（二）主要内容

1. 项目立项与备案

项目立项阶段是光伏电站项目开发过程中存在法律风险最多的一个阶段。建设单位在立项阶段要与政府国土部门、文物部门、住建部门、环保部门、电力公司、发展改革委或能源局等部门进行沟通，取得矿产压覆报告的复函、地质灾害评估备案登记表、用地位置选址意见函、项目选址意见书、选址规划意见、环评审批意见、水土保持审批意见、电网接入审查意见、备案证等合规性文件。以下就立项相关的政策文件解读如下：

（1）《国家能源局关于印发光伏电站开发建设管理办法的通知》（国能发新规〔2022〕104号）。

1）光伏电站项目建设前应做好规划选址、资源测评、建设条件论证、市场需求分析等各项建设准备工作，重点落实光伏电站项目的接网消纳条件，并符合用地用海和河湖管理、生态环保等有关要求。

2）光伏电站项目实行备案管理。备案机关及工作人员应当依法对项目进行备案，不得擅自增减审查条件，不得超出办理时限。

3）光伏电站完成备案后，项目单位应抓紧落实各项建设条件。在办理完相关法律法规要求的各项建设手续后应及时开工，并会同电网企业做好与配套电力送出工程的衔接工作。

4）各省级能源主管部门和备案机关可视需要组织核查备案后 2 年内未开工或者办理任何其他手续的项目，及时废止确实不具备建设条件的项目。

（2）《分布式光伏发电项目管理暂行办法》（国能新能〔2013〕433 号）。

1）省级以下能源主管部门对分布式光伏发电项目实行备案管理，具体办法由省级人民政府制定。

2）分布式光伏发电项目备案免除发电业务许可、规划选址、土地预审、水土保持、环境影响评价、节能评估及社会风险评估等支持性文件。

3）对个人利用自有住宅及在住宅区域内建设的分布式光伏发电项目，由当地电网企业直接登记并集中向当地能源主管部门备案，不需要国家资金补贴的项目由省级能源主管部门自行管理。

4）各级管理部门和项目单位不得自行变更项目备案文件的主要事项，包括投资主体、建设地点、项目规划、运营模式等。确需变更时，由备案部门按程序办理。

5）在年度指导规模指标范围内的分布式光伏发电项目，自备案之日起两年内未建成投产的，在年度指导规模中取消，并同时取消享受国家资金补贴的资格。

（3）《湖北省发展改革委　湖北省能源局关于促进光伏发电项目建设的通知》（鄂发改办〔2014〕194 号）。

1）省发展改革委、省能源局负责全省光伏发电规划指导、建设和运行的监督管理，负责年度指导规模管理、光伏电站项目立项备案等工作。

2）各市、州、县（市、区）发展改革委（局）、能源局（办）负责本地区光伏发电规划、建设和运行的监督管理，负责分布式光伏发电年度指导规模管理和光伏发电项目备案管理等工作。

备注 1：备案证名称要求：项目业主（公司填写简称）＋项目场址（市、县）＋项目名称＋备案规模（千瓦峰值或兆瓦峰值）＋分布式发电项目或光伏电站项目。

备注 2：对个人利用自有住宅区域建设的分布式光伏发电项目，可由当地电网企业直接登记并集中向当地发展改革部门备案。

备注 3：项目备案后，项目单位（或个人）不得自行变更项目备案文件的主要事项，包括投资主体、建设地点、建设规模、运营模式等。确需变更的，需报原备案部门按程序办理。

备注4：自备案之日起，分布式光伏发电项目应在6个月内建成投产、光伏电站项目应在1年内建成投产。

（4）《国家发展改革委关于完善陆上风电光伏发电标杆电价政策》（发改价格〔2015〕3044号）。

上网模式变更，备案证也要变更，具体规定：利用建筑物屋顶及附属场所建设的分布式光伏发电项目，在项目备案时可以选择"自发自用、余电上网"或"全额上网"中的一种模式；已按"自发自用、余电上网"模式执行的项目，在用电负荷显著减少（含消失）或供用电关系无法履行的情况下，允许变更为"全额上网"模式。"全额上网"项目的发电量由电网企业按照当地光伏电站上网标杆电价收购。选择"全额上网"模式，项目单位要向当地能源主管部门申请变更备案，一经变更，并不得再变更回"自发自用、余电上网"模式。

（5）《省人民政府办公厅关于有序推进全省光伏扶贫工作的指导意见》（鄂政办发〔2017〕85号）。

光伏扶贫项目规模指标。户用光伏扶贫项目不受年度规模指标限制。省发展改革委、省能源局、省扶贫办要积极争取将符合条件的村级光伏扶贫电站和多村联建集中式光伏扶贫电站纳入国家光伏扶贫项目建设规模。对于9个深度贫困县和国家级、省级贫困县所需光伏扶贫指标予以倾斜支持。

小结：

光伏立项，合法合规。手续齐备，2年有效。

地县备案，手续从简。事项变更，备案也变。

超期未建，双项取消。省管电站，县市分布。

模式变更，备案也变。一旦变更，不得变回。

2．规模管理

根据湖北省资源条件、电网承载能力等因素，合理确定分布式光伏发电项目的年度建设规模，确保分布式光伏项目有序推进。同时，对项目规模进行分类管理，针对不同规模的项目制定相应的支持政策。

（1）《分布式光伏发电项目管理暂行办法》（国能新能〔2013〕433号）。

1）不需要国家资金补贴的项目不纳入年度指导规模管理范围。

2）省级能源主管部门依据本地区分布式光伏发电发展情况，提出下一年度需要国家资金补贴的项目规划申请。国务院能源主管部门结合各地项目资源、实际应用以及可再生能源电价附加征收情况，统筹协调平衡后，下达各地区年度指导规模，在年度中期可视各地区实施情况进行微调。

3）国务院能源主管部门下达的分布式光伏发电年度指导规模，在该年度内未使用的规模指标自动失效。当年规模指标与实际需求差距较大时，地方能源主管部门可适时提出调整申请。

4）鼓励各级地方政府通过市场竞争方式降低分布式光伏发电的补贴标准，优先支持申请低于国家补贴标准的分布式光伏发电项目建设。

（2）《湖北省发展改革委 湖北省能源局关于促进光伏发电项目建设的通知》（鄂发改办〔2014〕194号）。

1）年度规模计划分配工作分为光伏电站、分布式光伏发电项目。

光伏电站：由省发展改革委、省能源局统筹管理，不分解下达到市、州。

分布式光伏发电项目：省发展改革委、省能源局综合考虑各地区资源禀赋、发展条件、配套政策措施和上一年度分配的规模计划完成情况等因素，按照优先支持新能源示范城市和绿色能源示范县，优先支持使用我省光伏产品的项目，优先支持项目建设实施好的地区，以及兼顾市、州平衡的原则，分解下达各市、州。

个人申请在住宅区域内建设的小型分布式光伏发电项目，不受地区规模指标限制；若申报的规模超过本地分配的规模计划，市、州发展改革委、能源局（办）可向省发展改革委、省能源局申请增加相应规模指标。

2）分布式光伏发电项目年度规模计划时间安排。

每年6月底，省发展改革委、省能源局根据全省分布式光伏发电项目实施情况，对项目年度指导规模进行中期调整，年底进行清理。本年度内未使用的规模计划自动失效。当年规模计划与实际需求差距较大的市、州可适时提出调整申请。

备注：未纳入年度指导规模的项目不享受国家资金补贴政策。

（3）《国家发展改革委 国家能源局关于完善光伏发电规模管理和实行竞争方式配置项目的指导意见》（发改能源〔2016〕1163号）。

1）不限制规模，投产后直接纳入可再生能源补贴目录：建筑物屋顶、墙面及其附属，及自发自用的地面光伏项目不受规模限制，完成备案并投产后即可进入可再生能源补贴范围。

2）扶贫光伏（村级电站及集中式扶贫光伏）不占用普通光伏电站年度规模指标。

3）普通光伏规模由能源主管部门组织竞争配置，并将上网电价作为主要竞争条件。

备注1：超规模的占用以后年度的规模指标，已纳入规模指标的项目未在规定时限内建设投产的将被取消，且不得转让。

（4）《国家能源局关于下达2016年光伏发电建设实施方案的通知》（国能新能〔2016〕166号）。

报送时间要求：国家能源部门一般于6月下达当年新增规模，省发展改革委于7月将配置清单报送国家能源局，并组织可再生能源平台填报，年末日（12月31日）及以后不得进行变更。

（5）《国家发展改革委 财政部 国家能源局关于 2018 年光伏发电有关事项的通知》（发改能源〔2018〕823 号）。

暂不安排 2018 年普通光伏电站建设规模，而是安排约 1000 万千瓦的规模用于支持分布式光伏项目建设。考虑今年分布式光伏已建情况，明确各地 5 月 31 日（含）前并网的分布式光伏发电项目纳入国家认可的规模管理范围；未纳入国家认可规模管理范围的项目，由地方依法予以支持。同时，支持光伏扶贫工作，并及时下达"十三五"第二批光伏扶贫项目计划。

小结：规模指标，能源主管，两级下达，中期微调，未用失效，竞争降补。支持示范，兼顾平衡。两种情况，不受限制，不入规模，不享补贴。三种情况，直接补贴；扶贫光伏，不占指标。超标不补，挤占下年；未建取消，不得转让。531 前认可，之后地方。

3. 电网接入和运行

要求电网企业为分布式光伏项目提供便捷的接入服务，制定统一的接入技术

标准，确保项目顺利接入电网。同时，加强对分布式光伏项目的运行监管，保障电网安全稳定运行。

（1）《分布式光伏发电项目管理暂行办法》（国能新能〔2013〕433 号）。

1）电网企业收到项目单位并网接入申请后，应在 20 个工作日内出具并网接入意见，对于集中多点接入的分布式光伏发电项目可延长到 30 个工作日。

2）以 35 千伏及以下电压等级接入电网的分布式光伏发电项目，由地级市或县级电网企业按照简化程序办理相关并网手续，并提供并网咨询、电能表安装、并网调试及验收等服务。

3）接入公共电网的分布式光伏发电项目，接入系统工程以及因接入引起的公共电网改造部分由电网企业负责投资建设；接入用户侧的分布式光伏发电项目，用户侧的配套工程由项目单位投资建设，因项目接入电网引起的公共电网改造部分仍由电网企业负责投资建设。

（2）《湖北省发展改革委 湖北省能源局关于促进光伏发电项目建设的通知》（鄂发改办〔2014〕194 号）。

1）电网企业在收到项目单位并网接入申请后，对于光伏电站应在 60 个工作日内出具审核意见，对于分布式光伏发电项目应在 20 个工作日内出具并网接入意见，对于集中多点接入的分布式光伏发电项目应在 20 个工作日内出具并网接入意见。

2）电网企业应及时做好电量计量、电费结算和国家补贴资金转拨等工作。应全额保障性收购光伏电站的发电量以及分布式光伏发电项目的余电上网电量，按月全额结算上网电量电费，并按时转拨国家补贴资金。

（3）《国家发展改革委　国家能源局关于实施光伏发电扶贫工作的意见》（发改能源〔2016〕621号）。

扶贫标准：采取村级光伏电站和户用方式，每位扶贫对象的对应项目规模标准为5千瓦左右；采取集中式光伏电站方式，每位扶贫对象的对应项目规模标准为25千瓦左右，原则上应保障每位扶贫对象获得年收入3000元以上。

电网企业接网服务电量及消纳：电网企业将村级光伏扶贫项目的接网工程优先纳入农村电网改造升级计划。不论是村级光伏电站（含户用），还是集中式光伏扶贫电站，均由电网企业负责接网及配套电网的投资和建设工作。电网企业要制定合理的光伏扶贫项目并网运行和电量消纳方案，确保项目优先上网和全额收购。

（4）《省人民政府办公厅关于有序推进全省光伏扶贫工作的指导意见》（鄂政办发〔2017〕85号）。

扶贫光伏并网时间要求：各地电网企业从正式受理接入申请开始，0.4千伏及以下电压等级接入的光伏扶贫电站在3个月内完成并网工作，10千伏电压等级接入的光伏扶贫电站在6个月内完成并网工作。

小结：公共电网，电网投资；用户那侧，电站投资。并网意见，及时出具；上网电价，全额收购；电费补贴，及时结付。扶贫项目，优先接网；电网投资，全额消纳。扶贫项目，限期并网。

（5）《分布式电源告知书》。

1）接入方案答复。受理申请后，按照约定的时间至现场查看接入条件，并在规定期限内答复接入系统方案。第一类项目40个工作日（其中分布式光伏发电单点并网项目20个工作日，多点并网项目30个工作日）；第二类项目60个工作日内答复接入系统方案。

2）设计文件审核。设计完成后，请及时提交设计文件，我们将在10个工作日内完成审查并给出答复意见。

3）并网验收与调试。工程竣工后，请您及时报验，我们在受理并网验收及并网调试申请后，0.4千伏及以下电压等级接入的分布式电源，将在10个工作日内完成并网验收与调试；10千伏及以上分布式电源，将在20个工作日内完成并网验收与调试。

小结：10千伏验收，20日完成，低压减半。设计完成，及时审核，10日答复。接入方案，一类40日，二类60日。

4. 计量与结算

推行分布式光伏发电量计量和电费结算制度，明确计量和结算流程，确保项目收益合理分配，职责分明，提高计量与结算效率。

（1）《分布式光伏发电项目管理暂行办法》（国能新能〔2013〕433号）。

1）电网企业负责对分布式光伏发电项目的全部发电量、上网电量进行分别计量、免费提供并安装电能计量表，不向项目单位收取系统备用容量费。电网企业在有关并网接入和运行等所有环节提供的服务均不向项目单位收取费用。

2）享受电量补贴政策的分布式光伏发电项目，由电网企业负责向项目单位按月转付国家补贴资金，并按月结算余电上网电量电费。

（2）《省人民政府办公厅关于有序推进全省光伏扶贫工作的指导意见》（鄂政办发〔2017〕85号）。

扶贫光伏燃煤标杆电费结算周期：原则上每月一次，或按照合同约定周期。补贴部分由县财政垫付，电网企业收到上级拨入补贴资金后，及时将资金转付给财政部门。

（3）《省物价局、省能源局关于完善光伏发电项目电价管理有关事项的通知》（鄂价环资〔2017〕165号）。

电费和补贴结算程序：

1）不单独批复上网电价的光伏发电项目，发电企业应向省电力公司提供申报材料，在签订《购售电合同》或《年度购售电协议》时明确电价执行标准。

2）光伏发电项目（包括已经投运但暂未列入年度规模指标的项目），从并网发电之日起，其上网电量由省电力公司按照我省燃煤机组标杆上网电价收购。省电力公司应在签订《购售电合同》或《年度购售电协议》后，及时与发电企业办理上网电费结算。

3）除自然人分布式项目以外的光伏发电项目，通过国家可再生能源发展基金予以支付的补贴，应申报列入国家可再生能源电价附加补助目录，并根据有关可再生能源补贴资金管理办法办理结算。

备注：年度终了3个月内，省电力公司将不单独批价光伏发电项目的有关信息资料和补贴情况报送省物价局、省能源局备案。省物价局、省能源局应分别对补贴标准、金额和项目分类、上网模式予以核查，加强对电费和补贴资金结算情况的监督检查，确保光伏发电项目电价政策得到执行到位。

小结：接入运行，免收费用。电费补贴，按月结付。扶贫补贴，政府垫付。电量电费，签约即结；补贴资金，要入目录。

5. 电价政策

根据国家政策，制定我省分布式光伏发电项目的电价政策，明确电价补贴标准、补贴年限等。同时，适时调整电价政策，以适应市场变化。

光伏全口径电价＝燃煤标杆电价＋国补＋省补＋建设与运维补贴

燃煤标杆电价＋国补＝光伏标杆电价

（1）光伏标杆电价。

文件一：《省物价局、省能源局关于完善光伏发电项目电价管理有关事项的通知》（鄂价环资〔2017〕165号）。

1）不单独核价的项目范围：

第1类：除扶贫项目外，利用固定建筑物屋顶、墙面及附属场所建设的选择"全额上网"模式分布式光伏发电项目（含自然人项目，下同）。

第2类：利用固定建筑物屋顶、墙面及附属场所建设，或者利用其他场地建设的选择"自发自用、余电上网"模式的分布式光伏发电项目。

2）电价政策。

不单独批价的光伏发电项目，以能源主管部门备案内容为依据，从并网发电之日起，上网电价按照（发改价格〔2013〕1638号）（发改价格〔2015〕3044号）（发改价格〔2016〕2729号）规定执行，省物价局不再单独批复上网电价。

第1类项目，2015年年底以前备案且于2016年6月30日以前投运，执行标杆上网电价1元/千瓦时(含16%增值税，下同)。

2016年年底以前备案且于2017年6月30日以前投运，执行标杆上网电价每千瓦时0.98元；之后的项目，执行标杆上网电价每千瓦时0.85元。上述标杆上网电价中，与我省燃煤机组标杆上网电价（含脱硫、脱硝、除尘电价，下同）相对应的部分，由省电力公司及时结算；标杆上网电价与燃煤机组标杆上网电价之间的差额部分，通过国家可再生能源发展基金予以补贴，并由省电力公司转付。

第2类项目，实行按照全电量补贴的政策，电价补贴标准为每千瓦时0.42元。该补贴通过国家可再生能源发展基金予以支付，并由省电力公司转付；其中，项目自用有余的上网电量，由省电力公司按照我省燃煤机组标杆上网电价进行收购并及时结算。

文件二：《省物价局、省能源局关于完善光伏发电项目电价管理有关事项的通知》（鄂价环资〔2017〕165号）。

光伏发电项目上网电价审批程序：除不单独批价项目外，其余光伏发电项目（含光伏扶贫项目）上网电价仍需履行报批手续。

审批程序：市、州价格主管部门对申请核定上网电价的项目进行初审后（光伏扶贫项目由市、州价格主管部门会同能源、扶贫部门共同初审），出具核定上网电价申请文件并报送省物价局。省物价局根据市、州报送的材料和省能源局确认（光伏扶贫项目由省能源局、省扶贫办共同确认），并依据实际列入年度规模指标的容量，批复上网电价。

文件三：《国家发展改革委财政部国家能源局关于2018年光伏发电有关事项的通知》（发改能源〔2018〕823号）。

加快光伏发电补贴的退坡：

1）自5月31日起，新投运的光伏电站标杆上网电价每千瓦时统一降低0.05元，调整为0.7元（含税）。

2）自发文之日起，新投运的、采用"自发自用、余电上网"模式的分布式光伏发电项目，全电量度电补贴标准降低0.05元，调整为每千瓦时0.32元（含税）。采用"全额上网"模式的分布式光伏发电项目，按所在资源区的光伏电站价格执行。分布式光伏发电项目自用电量免收随电价征收的各类政府性基金及附加、系统备用容量费和其他相关并网服务费。

3）符合国家政策的村级光伏扶贫电站（0.5 兆瓦及以下）的标杆电价保持不变。

文件四：《关于 2018 年光伏发电有关事项说明的通知》（发改能源〔2018〕1459 号）。

基于（发改能源〔2018〕823 号）文件，现就实施中的有关事项说明如下。

1）2018 年 5 月 31 日（含）之前已备案、开工建设，且在 2018 年 6 月 30 日（含）之前并网投运的合法合规的户用自然人分布式光伏发电项目，纳入国家认可规模管理范围，其标杆上网电价和度电补贴标准保持不变。

2）已经纳入 2017 年及以前建设规模范围（含不限规模的省级区域），且在 2018 年 6 月 30 日（含）前并网投运的普通光伏电站项目，执行 2017 年光伏电站标杆上网电价，属竞争配置的项目，执行竞争配置时确定的上网电价。

全额上网项目光伏标杆价格见表 4-1。

表 4-1　　　　　　　　全额上网项目光伏标杆价格表　　　　　　单位：元/千瓦时

备案时间	建设模式	投运时间	普通项目	扶贫项目
2015 年年底以前	屋顶、地面	2016 年 6 月 30 日前	1.00	1.00
2016 年年底以前	屋顶、地面	2017 年 6 月 30 日前	0.98	0.98
2017 年年底以前	地面	2018 年 6 月 30 日前	0.85	0.85
2017 年年底以前	地面	2018 年 6 月 30 日后	0.7	0.85
2017 年年底以后	地面	2018 年 1 月 1 日后	0.75	0.85
2018 年及以前	屋顶			
2017 年年底以后	地面	2018 年 5 月 31 日后	0.70	0.85
2018 年及以前	屋顶			

不单独批价的光伏发电项目类别：

第 1 类：除扶贫项目外，利用固定建筑物屋顶、墙面及附属场所建设的"全额上网"模式分布式光伏发电项目。

第 2 类：利用固定建筑物屋顶、墙面及附属场所，或利用其他场地建设的选择"自发自用、余电上网""全部自发自用"模式的分布式光伏发电项目。

以上两类项目以外，严格按省级价格主管部门单独批复的上网电价文件规定执行。在上网电价正式批复前，根据《购售电合同》或《年度购售电协议》，自项目并网发电之日起，上网电量按照我省燃煤机组标杆上网电价办理电费结算。

上网电价正式批复后，电网企业按批复文件规定承担上网电价部分的电费结算，并对已结算的上网电费进行清算。

备注：2018 年 1 月 1 日之后投运的屋顶建设"全额上网"分布式光伏项目，执行 2018

年光伏标杆价 0.75 元/千瓦时。地面建设"全额上网"分布式光伏项目，基于 2018 年以前备案且 2018 年 6 月 30 日前投运，则执行 2017 年光伏标杆价 0.85 元/千瓦时。自 2018 年 5 月 31 日起，屋顶建设的"全额上网"分布式光伏项目及 2018 年以后备案的地面建设"全额上网"分布式光伏项目，均执行 2018 年光伏标杆价 0.70 元/千瓦时。

扶贫项目标准：对纳入国家目录管理的村级光伏扶贫电站（0.5 兆瓦及以下）项目和户用分布式光伏扶贫项目，基于 2017 年年底前备案且 2017 年 6 月 30 日后投运，或 2017 年以后备案则继续执行 2017 年光伏电站标杆电价 0.85 元/千瓦时。

说明：2016 年、2017 年、2018 年标杆电价分别是 0.98 元/千瓦时、0.85 元/千瓦时、（2018 年 5 月 31 日前为 0.75 元/千瓦时、2018 年 5 月 31 日后为 0.7 元/千瓦时）。根据项目备案时间、投运时间以及纳入年度补贴规模指标管理的时间来判断执行对应年份的标杆价，表 4 - 1 仅列出了备案时间及投运时间的要求，若纳入年度补贴规模指标管理的时间滞后，则需根据所有要求综合判断来确定最终的标杆电价。

余量上网项目补贴价格见表 4 - 2。

表 4 - 2　　　　　　　　　余量上网项目补贴价格表

项目性质	投运时间	度电补贴标准/元
普通项目	2018 年 1 月 1 日前	0.42
	2018 年 1 月 1 日及以后	0.37
	2018 年 5 月 31 日及以后	0.32
扶贫项目	2018 年及以前	0.42

小结（国补）：光伏电价，一价三补。建筑附属，不独核价。备案投产，即享补贴。补贴退坡，普降 5 分。扶贫光伏，保持不变。全额上网，五种价格，扶贫项目，三种价格。余电上网，三种价格，扶贫项目，一种价格。分辨标准，时间来定，一看备案，二看投运。

（2）省补。

省补文件一：《省物价局　省能源局关于对新能源发电项目实行电价补贴有关问题的通知》（鄂价环资〔2015〕90 号）。

1）补贴范围：2015 年年底前和"十三五"期间建成的风电、光伏发电、沼气发电项目。

2）补贴标准：2015 年前全部建成并网发电的项目，根据其上网电量计算，其中分布式光伏项目每千瓦时补贴 0.25 元（含税），光伏电站项目每千瓦时补贴 0.1 元（含税）。

3）补贴时间：5 年，已并网发电项目从 2015 年 4 月 20 日起执行，新建发电项目从并网发电之日起执行。

4）结算周期：每半年结算一次。

截至 2018 年 12 月底省补结算情况：省发展改革委　省能源局《关于 2016—2017 年新能源发电项目电价补贴结算事项的通知》（鄂能源新能〔2015〕74 号）公布第一批、

湖北省能源局《关于公布新能源电价补贴项目目录（第二批）的通知》（鄂能源新能〔2016〕34号）公布第二批、省物价局 省能源局《关于对新能源发电项目实行电价补贴有关问题的通知》（鄂价环资〔2017〕13号）兑现补贴（兑现时间为2015年4月20日到2015年12月31日，包括黄冈3家电站、2家分布式非自然人、15家分布式自然人）。省补只兑现到2015年12月31日。

省补文件二：《省人民政府办公厅关于有序推进全省光伏扶贫工作的指导意见》（鄂政办发〔2017〕85号）。

实行省级电价补贴政策。省物价局会同省能源局研究出台光伏扶贫项目发电补贴支持政策，对2016年1月1日至2019年12月31日期间建成的光伏扶贫项目给予0.1元/千瓦时补贴,补贴年限暂按5年执行。

省补文件三：《关于光伏扶贫项目省级电价补贴政策有关事项的通知》（鄂价环资〔2018〕72号）。

2016年1月1日到2019年12月31日投产的扶贫光伏项目，按上网电量补贴0.1元/千瓦时。省电力公司在年度终了3个月内，将光伏扶贫项目有关情况报省物价局、省能源局、省扶贫办核查。补贴时间为5年，本次自2016年至今一次性资金到位，今后每月一结算。

小结（省补）：申报发布，兑现补贴。两个标准，分清计算。四年期间，五年补贴。

（3）建设与运维补贴。

文件一：《可再生能源电价附加补助资金管理暂行办法》（财建〔2012〕102号）。

依据：《中华人民共和国可再生能源法》和《财政部 国家发展改革委 国家能源局关于印发〈可再生能源发展基金征收使用管理暂行办法〉的通知》（财综〔2011〕115号）。

补贴范围：可再生能源发电是指风力发电，生物质能发电（包括农林废弃物直接燃烧和气化发电、垃圾焚烧和垃圾填埋气发电、沼气发电），太阳能发电，地热能发电和海洋能发电等。

补贴标准：专为可再生能源发电项目接入电网系统而发生的工程投资和运行维护费用，按上网电量给予适当补助，补助标准为：50公里以内每千瓦时1分钱，50～100公里每千瓦时2分钱，100公里及以上每千瓦时3分钱。

文件二：《关于公布可再生能源电价附加资金补助目录（第七批）的通知》（财建〔2018〕250号）。

根据《中华人民共和国可再生能源法》第二十一条"电网企业为收购可再生能源电量而支付的合理的接网费用以及其他合理的相关费用，可以计入电网企业输电成本，并从销售电价中回收"规定，已纳入和尚未纳入国家可再生能源电价附加资金补助目录的可再生能源接网工程项目，不再通过可再生能源电价附加补助资金给予补贴，相关补贴纳入所在省输配电价回收，由国家发展改革委在核定输配电价时一并考虑。

列入补助目录的项目，当"项目名称""项目公司""项目容量""线路长度"等发生变化或与现实不符时，需及时向财政部、国家发展改革委、国家能源局申请变更，经批准通过后才可继续享受电价补助。

小结（建设与运维）：3个标准，均未执行。接入工程，取消补贴。电网回购，电价回收。

6. 可再生能源申报流程

指导项目单位按照规定流程申报可再生能源补贴，确保项目顺利享受政策支持。优化申报流程，提高申报效率，助力分布式光伏项目健康发展。

小结（申请流程）：补贴资金，国网申请，五个条件，一要指标，二要备案，三要投产，四要签约，五要定价。非自然人，自行填报，属地申请，逐级上报。自然人的，电网代理，地市上报，省级汇总，上报国网。财政拨付，电网转付。

小结（执行标准）：三种情形，执行0.42价；一种情形，暂不补贴；财政拨款，电网清付。

小结（开票管理）：3万免税，开普通票；小规模的，3%专用票；一般纳税，16%专用票。

（三）经验启示

湖北省近年积极响应国家号召，大力推进分布式光伏发电项目建设。在政策解读过程中，积累解读经验供借鉴。一是加强政策宣传和解读力度，通过举办专题讲座、线上线下培训等形式，让企业和个人充分了解分布式光伏政策的具体内容，提高政策知晓度。这一做法有助于消除政策实施的盲点，确保政策落地生根。二是差异化政策解读，紧密结合本省实际，针对不同地区、不同类型的分布式光伏项目，制定具有针对性的政策措施，有助于提高政策的实施效果，推动分布式光伏项目在各地区均衡发展。三是加强协同解读，确保准确性。注重政策解读的协同性，加强与相关部门的沟通与协作，确保政策解读的准确性和权威性。此举有助于形成政策合力，为分布式光伏项目提供全方位的支持。四是收集意见，调优政策，服务市场。注重收集企业和个人意见，及时调整和完善相关政策。这种以需求为导向的政策解读方式，有助于提高政策的适应性和灵活性，更好地服务于市场主体。五是建立长效机制，保障项目健康发展。通过建立健全政策解读长效机制，确保政策解读工作常态化、制度化。这为分布式光伏项目的持续健康发展提供了有力保障。

总之，通过以上主要做法，湖北省分布式光伏政策将更好地服务于企业和个人，在分布式光伏政策解读方面，我们要充分重视政策解读工作，创新解读方式，强化协同配合，关注市场需求，以钉钉子精神推动分布式光伏政策落地生根，助力我国能源结构优化和绿色低碳发展。

分布式光伏管理实践五：如何提高分布式发电户发电量准确率

(一) 项目背景

近年来，分布式发电项目得到国家鼓励和大力推广，全国发电户户数逐月递增。2019 年，湖北公司分布式发电户户数突破 2 万户，累计装机容量超过 3801 万千瓦。

基于发电形式及特点，主要包括光伏、火力、生物质发电、天然气三联供、综合资源利用等。随着公司受理接入分布式发电项目规模的不断扩大，优化营商环境的重要性日益凸显，对发电量精准计量及结算，以及对客户补贴的及时结算，均提出了更加严格的要求。其中，发电量的准确是保证发电客户合法利益的基础，是优化营商环境的重要组成部分。因此，公司研究提高分布式发电户发电量准确率十分必要。

根据营销系统后台数据，对公司 2019 年 6—9 月共 84135 户分布式发电户情况进行了调查统计。结果显示，湖北每月平均分布式发电户发电量准确率为 92.92％，这一准确率低于湖北公司设定的 95％的目标，且呈逐月下降的趋势。根据发电形式及特点，分布式发电户可分为光伏、天然气三联供、综合资源利用、生物质发电、火电等类型。其中分布式光伏发电户发电量不准确的户数最多，达到 5946 频次（户），累计占比高达 99.88％。进一步按照分布式光伏用户的并网点电压等级划分，湖北公司分为低压、10千伏、20 千伏和 35 千伏。其中，低压分布式光伏发电量不准确的户数最多，达到 5440频次（户），累计占比达到 91.49％。

影响低压分布式光伏发电户发电量准确性的主要因素有三：一是现场故障排查周期长，对低压分布式光伏发电户的现场故障排查工作缺乏有效的监管机制，且未形成闭环管理体系。二是数据传输速率慢，数据传输速率与低压分布式光伏发电户发电量不准确户数之间存在强烈的负相关性。随着数据传输速率的降低，低压分布式光伏发电户发电量不准确的户数显著增加。三是营销系统建档滞后，这可能会导致用户信息不完整或者错误，从而影响到发电量的计算和结算。

(二) 主要做法

1. 增设抄核流程"三重"监管功能

(1) 规划总体思路。在营销系统电量电费抄核流程中增设三个功能，利用线上流程实现对发电量不准确用户现场故障排查的监管。

(2) 增设采集示数修改流程。"自动化抄表"环节中采集数据失败时，设计采集示数修改流程，要求供电所抄表员现场抄表并排查采集失败原因，录入现场表码后，经地市核算员审批通过后方可继续抄表流程。功能增设后，营销系统中低压分布式光伏发电户电量电费抄核流程如图 4-1 所示。

采集示数修改功能增加后，规定用户电量发行必须使用采集系统冻结数据，并针对采集系统未能采录止码用户制定处理办法，具体见表 4-3。

表 4 - 3		采集系统未能采录止码用户处理办法
序号	问题类型	处 理 办 法
1	采集系统未能采录止码	采集系统进行补招，补招数据无法入库的提交运维工单统一处理中间库
2	采集系统未能补招	通过采集运维掌机现场采录表码并上传采集系统
3	采集运维掌机现场抄录失败	由抄表人员提交手工录入止码需求单经审批后，经采集示数修改流程录入表码

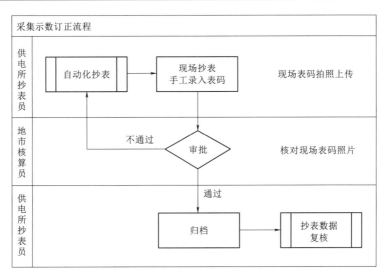

图 4 - 1　电量电费抄核流程图

（3）增设双重智能审核预警规则。增设针对低压分布式光伏发电户的预警规则，触发规则后审核人员派发异常工单，要求供电所抄表员现场核实处理，并将现场情况如实录入，经审批归档后，方可继续抄核流程。设计示意图如图 4 - 2 所示。

图 4 - 2　系统功能增设设计示意图

功能增设后，营销系统中低压分布式光伏发电户电量电费抄核流程如图 4 - 3 所示。

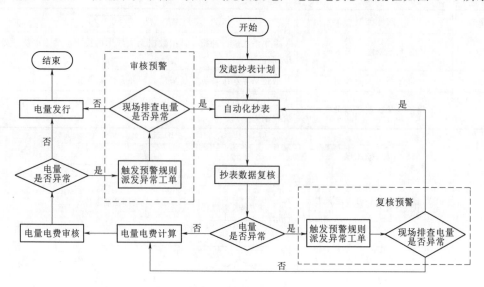

图 4 - 3　营销系统中低压分布式发电户电量电费抄核流程图

1）制定预警规则内容。针对低压分布式光伏发电户发电量为 0 以及电量突增突减增加预警规则，具体见表 4 - 4。

表 4 - 4　　　　　　　　　　预 警 规 则 内 容

序号	权限岗位	主要功能	规则代码	预警规则内容
1	供电所复核员	抄表数据复核异常校验	FH48	抄表数据复核对发电量为零度的光伏用户
				低压分布式光伏发电户当月发电量≥3000 千瓦时
				发电量电量环比增加或减少 300％
2	市公司核算员	电量电费审核异常校验	SH46	电量电费审核中对发电量为 0 的光伏用户
				低压分布式光伏发电户当月发电量≥3000 千瓦时
				发电量电量环比增加或减少 300％

2）验证预警功能的正确性和有效性。发起一个低压分布式光伏发电户的电量电费抄核流程，发电量为 0 或者大于 3000 千瓦时且环比增减超过 300％时，其智能审核规则会进行异常拦截，具体如图 4 - 4 所示。

3）优化系统预警规则内容。2020 年 8 月，从管控低压分布式光伏发电户发电低效的工作需要出发，对低压分布式光伏发电户电量异常情况实现了预警功能，具体见表 4 - 5。

表 4 - 5　　　　　　　　　　预 警 规 则 内 容

序号	权限岗位	主要功能	规则代码	预警内容规则
1	供电所复核员	抄表数据复核异常校验	FH51	"发电指数＜0.6"的电量异常情况
2	市公司核算员	电量电费审核异常校验	SH48	"发电指数＜0.6"的电量异常情况

	用户编号	用户名称	复核规则	规则分类	过滤日志
复核环节	6837554730	武汉建飞达工贸有限公司	FHFD01	抄见电量异常	本月发电量：0，上月发电量：0，理论发电量：0.0，供电电压等级：AC03802 本月发电量：0，上月发电量：0，理论发电量：0.0，供电电压等级：AC03802
	6837554730	武汉建飞达工贸有限公司	FHFD01	抄见电量异常	本月发电量：240000，上月发电量：2，理论发电量：0.0，供电电压等级：AC03802 本月发电量：240000，上月发电量：2，理论发电量：0.0，供电电压等级：AC03802

	用户编号	用户名称	审核规则	过滤日志
审核环节	6901300876	李海泉	SH46	本月发电量：0，上月发电量：0，理论发电量：0.0，供电电压等级：AC03802 本月发电量：0，上月发电量：0，理论发电量：0.0，供电电压等级：AC03802

图 4-4　智能审核规则异常拦截示意图

表 4-5 中

$$发电指数 = \frac{本月实际发电量}{该项目发电装机容量 \times 月均发电小时数}$$

湖北省分布式光伏电站月均发电小时数见表 4-6。

表 4-6　　　　　　　　湖北省分布式光伏电站月均发电小时数

月　份	1	2	3	4	5	6	7	8	9	10	11	12
发电小时数	73	60	72	80	86	88	100	110	89	82	71	76

对优化后的预警规则进行系统配置，如图 4-5 所示。

审核规则列表

规则编码	规则名称	适用范围分类	规则级别	异常错误分类
PH51	光伏用户发电指数小于预警值	智能数据复核	1	抄见电量异常

-- 网页对话框　　　　　　　　　　　　　　　　　　　　　　　　　×

省公司阈值

规则编码	规则名称	阈值代码	阈值名称	阈值	维护单位
PH51	光伏用户发电指数小于预警值	PH510101	月发电小时数	72	湖北省电力公司
PH51	光伏用户发电指数小于预警值	PH510102	发电指数预警值	0.6	湖北省电力公司

图 4-5　智能审核规则配置

4）验证预警功能的正确性和有效性。发起低压分布式光伏发电户的电量电费抄核流程，发电户发电指数＜0.6，智能审核规则拦截成功。拦截如图 4-6 所示。

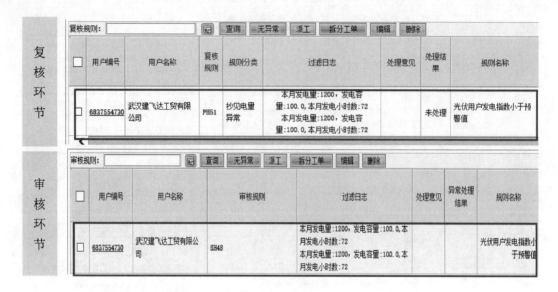

图 4 - 6　智能审核预警规则异常拦截

（4）增设功能应用。功能增设后，查询 2020 年 10 月营销系统中电量电费抄核流程中各功能发起的工单数量，见表 4 - 7。

表 4 - 7　　　　　　　　　营销系统增设功能应用情况表

序号	增设流程	工单数/条	现场故障排查次数/次
1	采集示数修改	412	412
2	复核预警	689	689
3	审核预警	426	426

2. 中压载波通信技术的应用

（1）确定采集通信技术。针对湖北地区山区、丘陵地形多，城区楼宇密集，配电室安装在地下，导致数据传输速率慢甚至为 0，终端无法正常接收主站指令或上报采集数据的问题。我们决定采用并推广更优化、更稳定的中压载波通信技术，以提高采集数据上传失败台区的数据传输速率。中压载波使用电力线作为传输通道，受外界干扰较少，无拥堵问题，不存在信号盲点，数据传输速率稳定，且建设成本和维护成本低。

（2）中压载波技术应用。

一是无信号台区上行通信方案。在线路上存在少量无信号台区时，通过加装中压载波设备，将无信号台区的数据传输至就近的有信号台区，再以无线公网上传主站，如图 4 - 7 所示。

二是整条线路上所有台区的上行通信方案。在线路上存在多处无信号台区时，可在变电站出线处加装主载波机，在每个台区加装一台从载波机，主载波机收集所有台区数据后，以无线公网或者借用变电站骨干通信网实现数据上传，如图4-8所示。

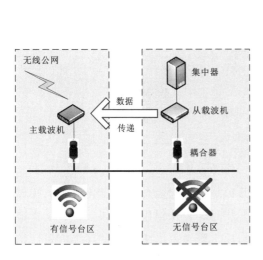

图4-7 无信号台区通信方案

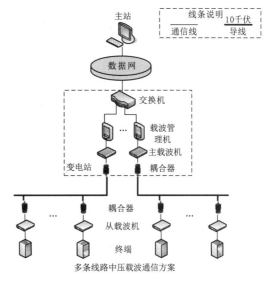

图4-8 整条线路上所有台区通信方案

三是中压载波技术应用情况。2020年9月，湖北公司数据传输率低的台区已成功实现了中压载波技术的应用，如图4-9所示。

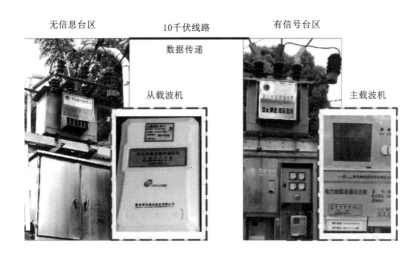

图4-9 中压载波技术应用现场

3.建立建档关键环节"三同步"管控机制

（1）梳理业务关键环节。针对当前低压分布式光伏发电户现场安装和营销系统建档流程，梳理出营销系统建档的关键环节。通过管控表计领用和安装两个关键环节，及时同步表计状态，从而解决用户建档滞后问题，如图4-10所示。

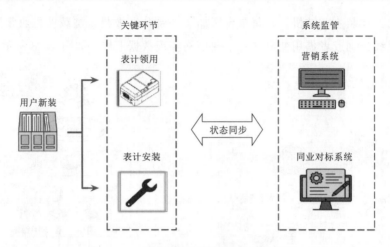

图 4-10　新装建档关键环节流程示意图

（2）同步表计领用环节。通过计量周转柜和营销系统的智能化、信息化应用，实现表计出入库的智能管控。当用户新装需现场表计安装时，表计领用方式如下：一是营销系统发起需求工单，生成领表任务，计量周转柜扫描工单领表出库，营销系统中表计状态变为"领出待装"。二是计量周转柜表计预领出库，出库后，营销系统中表计状态变为"预领待装"。营销系统中待装状态的表计信息于次日同步到同业对标系统中。其流程示意图如图 4-11 所示。

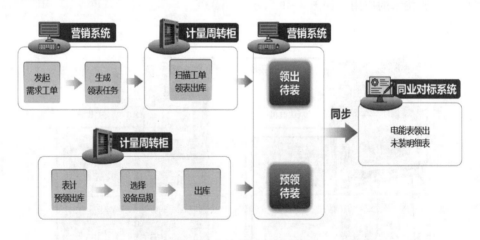

图 4-11　表计领用流程示意图

（3）同步表计安装环节。

1）明确表计安装时限。通过对现有计量业务指标考核进行分析，经过讨论和征求专业部室意见，提出将表计安装及采集调通纳入全省计量管理规范率指标考核，并在《国网湖北省电力有限公司关于建立 2020 年营销管理质量评价工作机制的通知》（鄂电司营销〔2020〕14 号）中正式予以明确。指标说明中规定：新装用户计量设备（电能表）领出后，应于 3 日内完成营销业务应用系统安装流程，并能通过采集系统正常召测数据。具体指标见表 4-8。

表 4-8　　　　　　　　　　　　　计量管理规范率指标

指标项	指标说明
新装用户（3 日内）采集调通率不低于 99%	计量设备（电能表）领出后，应于 3 日内完成营销业务应用系统安装流程，并能通过采集系统正常召测数据

2）建立表计安装时限监控。通过利用同业对标系统跟踪表计状态，人工导出清单下发至各基层单位，进行实时跟踪督导。示意图如图 4-12 所示。

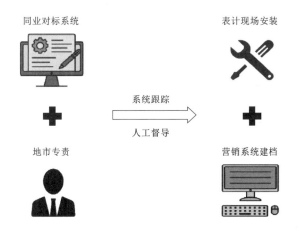

图 4-12　表计安装跟踪督导示意图

a. 表计现场安装时限预警监控。每日查询同业对标系统中电能表领出未装明细。系统如图 4-13 所示。

图 4-13　同业对标系统界面

b. 表计系统安装时限预警监控。新装分布式光伏发电户的营销系统建档各个环节均存在相应考核时限，在同业对标系统显示为分布式电源业扩时限预警界面。可查看在途状态、当前环节和预警情况，并据此进行人工督导，如图 4-14 所示。

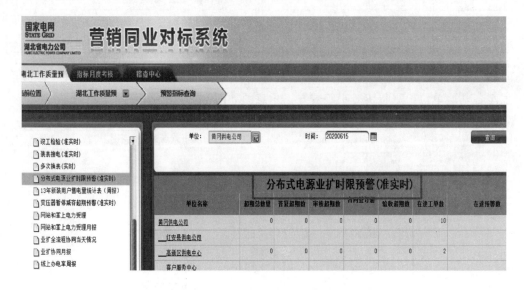

图 4-14　同业对标系统界面

（4）同步短信提醒功能。增设营销系统建档短信提醒环节，使系统监管与短信提醒功能同步运转，有效提高工作效率。短信触发机制：营销系统表计状态显示"领出待装"或"预领待装"时，短信平台每日定时发送提醒短信至业务人员，待营销系统中录入表计安装信息，表计状态显示"运行"时，短信停止发送，如图 4-15 所示。

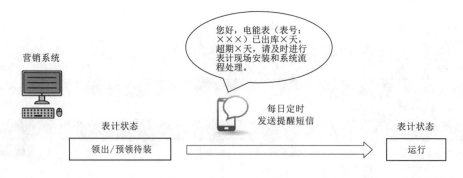

图 4-15　短信提醒示意图

（三）经验启示

1. 提高专业技术能力

（1）增设功能，实现三重监管助力故障排查。通过增设营销系统电量电费抄核流程采集示数修改、双重智能审核预警功能，构建"三重"监管体系，助力线下现场故障的高效排查，从而提高了现场管控能力和故障处理速度。

（2）技术升级，中压载波保障传输效果。优化通信技术，经过综合比较，选择了"性价比"最高的中压载波技术，从末端彻底解决了由于数据传输速率慢而导致的台区采集数据无法及时上传的问题。

（3）加强管控，同步管理保证建档时效。建立建档关键环节"三同步"管控机制，通过系统监管、人工督导、短信预警相结合的方式，严格管控建档关键环节的时间节点，确保建档的时效性。

2. 切实加强管理水平

部署四级协同管控，提升闭环管理水平。充分利用技术管控提供的预警信息，及时采取一系列"打基础、管长远"的管理措施。对分布式发电户，实行省统一指导、市公司统一部署、县公司统一执行、供电所统一落地的四级机构协同管控，实现电量异常问题在发行、核实、整改、反馈、通报考核等环节的一体化闭环管理，从而不断提升营销管理水平。

3. 发电量准确率得到显著提升

强化监督检查，定期对发电户的发电量数据进行现场核查，通过与实际发电量进行对比，确保系统数据的准确无误。同时，优化数据传输流程，建立安全、高效的数据传输通道，确保发电量数据能够实时、准确地传输至远采系统中。针对现场故障排查周期长的问题，增设了抄核流程"三重"监管功能。此外，建立健全管理制度，明确责任分工，加强发电业务的培训和指导。特别是通过建立建档关键环节"三同步"管控机制，进一步加强管控力度，确保建档的时效。

以上措施共同作用下，湖北公司分布式发电户的发电量准确率从92.92%提高到99.02%，远超目标值95.48%的要求。分布式光伏发电户发电量不准确户数由5946户降至958户，问题得到了极大的改善。低压分布式光伏发电户发电量不准确户的累计百分比也由91.49%降至53.13%，户数由5440户降至509户，降幅巨大，有效提升了分布式发电户的发电量准确率。

4. 取得明显的社会效益

通过实施上述措施，我们有效提高了分布式发电户的发电量准确率，保障了分布式电站的正常结算，满足了分布式发电项目的发展需求，最终助力分布式发电产业发挥了更大的经济效益。

光伏扶贫是政府精准扶贫项目之一，发电量的精准计量和补贴结算不仅助力了光伏产业的发展，还服务了"三农"的全面发展，体现了"绿色发展"的新理念。这些措施加快了贫困地区和贫困人口的脱贫步伐，为湖北的扶贫工作打下了坚实的基础。

同时，自2019年至今，95598、12398等服务平台未收到关于分布式发电户发电量不准确的投诉，这进一步树立了"人民电业为人民"的良好企业形象。

第五章

电力市场化交易管理实践

按照电力体制改革"管住中间、放开两头"的总体要求，湖北电力市场化交易发生了翻天覆地的变化：一是市场主体由原来的发电企业与电网企业双边交易，扩展为发电企业、电网企业、电力用户、售电公司等多个市场主体共同参与；二是交易门槛由2016年的年电量1亿千瓦时、高新企业年电量5000万千瓦时，放宽至2021年的工商业用户全部入市；三是交易品种由原来的单一年度交易，丰富为以年度交易为主、月度交易为辅、专场交易为补充的多文化交易品种体系；四是交易平台由功能单一的旧平台，升级为功能全面的全国统一电力市场新平台；五是合同签订模式由纸质优化升级为电子合同；六是电力交易机构由一个职能部门转变为一个独立运作的股份制公司。下面就如何适应电力市场化交易的新发展形势，开展电力市场化交易实践工作，与读者分享两篇典型案例。

电力市场交易管理实践一：电力市场化交易服务实践

（一）项目背景

1. 宏观经济与社会发展要求

中国能源结构中煤炭占比较高，煤炭作为一种高污染、高能耗的能源，给环境和人民健康带来了很大的负面影响。为了加快能源结构调整，减少对煤炭的依赖，中国亟须加快推进非化石能源的开发和利用。电力市场化改革可以有效促进清洁能源的发展。随着中国经济的快速发展和城市化进程的加速推进，电力需求量不断增长。国家在保障电力供应的同时，也需要控制能源消耗和环境污染。市场化改革可以提高电力资源的配置效率，既保证电力供应又实现节能减排，加速电力企业的市场竞争和提升运营效率，同时吸引更多的社会资本进入电力行业，提高行业整体水平和效益。

2. 电力行业发展的要求

在过去的计划经济体制下，电力行业一直由政府来统一决策和管理，企业的经营主要受到政府计划和指令的约束。电力市场化改革旨在打破这种计划性的体制和政企不分、厂网不分的状况，推动市场主体多元化发展，增加市场竞争活力，促进电力产业的健康发展和优化升级。在电改之前，电网企业作为电力市场唯一的电力运行销售主体，同时扮演着运营商和供应商的双重角色，逐步形成了电力市场的绝对垄断地位。电改的目的之一就是打破这种垄断局面，还原电力的商品属性，实现发电侧、售电侧的良性竞争。

3. 政策推动和改革目标的要求

2015年3月15日，中共中央、国务院下发了《关于进一步深化电力体制改革的若干意见》（中发〔2015〕9号文），及相关配套文件，标志着我国电力市场改革进入了一个新的阶段。这些政策文件明确了电力市场改革的方向和目标，为电力市场交易改革提供了坚实的政策保障。在我国向国际社会作出的"碳达峰、碳中和"郑重承诺的背景下，电力体制改革不仅是电力行业要求，也是全社会实现双碳目标的关键。改革旨在通过市场化手段调整能源结构，大力发展核电、风电、水电、光伏等清洁能源，提高可持续发展清洁能源的比例和能源利用效率，形成合理的交易价格机制，降低企业生产成本，提高企业竞争能力，促进经济的绿色发展。

（二）主要做法

国网黄冈供电公司坚持"以市场主体为中心"的服务理念为引领，以"服务优质"为工作目标，通过创新管理机制、协作机制和技术手段，构建了全过程、全方位、全优质的市场主体服务新体系，实现了注册更智能、流程更优化、交易更透明、合作更顺畅的目标，在主动服务市场成员中不断将电力市场化交易引向深入。

1. 充分发挥制度导向作用，建立健全交易工作机制

制定《国网黄冈供电公司2018年度市场化交易实施方案》。为贯彻落实中共中央、国务院、省政府等各级政府有关电力市场化改革的指示精神，进一步推动电力行业供给侧结构性改革，积极应对电力市场化改革带来的挑战，公司转变服务观念，变压力为动力，着力提升供电服务质量和供电服务水平，制定本实施方案。方案成立了以公司主要负责人为组长的组织机构，明确了方案的指导思想，确定了年度交易目标、交易原则、交易方式、准入范围等，并制定了掌握政策、需求摸底、市场调研、工作对接、培训宣传、注册服务、引导交易、合同签订、合同执行、偏差考核等十项具体措施和内容。

制定《国网黄冈供电公司电力市场化交易工作实施细则》。随着市场门槛的不断降低，电力市场化交易工作量不断加大，工作要求不断提高，过去粗放型的管理方式显然无法承担繁重的改革发展任务，需要对工作内容和工作职责进行细化。为此，国网黄冈供电公司根据《国网湖北省电力公司电力用户与发电企业直接交易工作管理办法》及相关文件精神，制定了本细则。细则共十章，紧紧围绕电力用户、售电公司、发电企业等市场成员的电力交易服务需求，研究制定了公司相关单位、部门、班组、专责的工作内

容和职责分工，规定了准入核准、市场成员注册、交易实施、合同签订、合同执行、电费结算、合同终止、统计分析等环节的工作流程及管理要求，对于指导公司开展好 2019 年乃至中长期的直接交易工作具有十分重要的作用。

2. 充分发挥主观能动性，建立政企协作机制

为市场主体搭建平台。为积极应对电力供应政策改革发展需要，推动电力用户与发电企业、售电公司的直接交易工作，国网黄冈供电公司与黄冈市经信委联合召开了黄冈市市场化交易座谈会，邀请了电厂代表、售电公司代表、大用户代表等共计 70 多人参加。参会各方对直接交易形势进行了预判，并现场进行了交易意向的交流，达成了 10 余亿千瓦时的交易意向电量，获得了各市场主体的普遍欢迎。此举展现了电网企业与政府共同主动服务市场主体的新形象，为服务进地方经济做出了贡献。

为市场主体把好入市关。在电力用户入市资格方面，坚持政府主导、企业联动的原则，配合市发展改革委开展市场主体入市资格审查工作，主动为符合入市条件的电力用户提供优质的服务。主要审核内容包括是否符合《产业结构调整指导目录》等国家产业政策和环保要求，电压等级、电力用户、用电类别、缴费信用、调度安全效验及调度纪律的遵守情况、上年市场化交易违约情况、电力用户实行市场准入负面清单管理情况等。经审核，剔除了不符合入市条件 5 户，共向省能源局申报了 227 户符合市场资格的电力用户并获批，入市户数是去年的 3.15 倍。

为市场主体把好信息关。积极配合市发展改革委做好入市用户名称勘误工作。对因电力用户提供错误名称导致申报名称与营业执照名称不一致的情况进行了清理，协同黄冈市发展改革委共向省能源局上报了 15 户名称错误更正的电力用户信息，有效保障了符合入市条件的电力用户参与年度市场化交易，维护了电力用户的经济效益。

3. 充分发挥职能定位，引导市场主体参与交易

引导市场主体进行平台注册。为应对日益增加的电力交易市场主体交易工作需要，提升市场主体服务水平，湖北省电力交易中心于 2019 年 3 月 28 日将发电企业、电力用户（含零星用户和大用户）提交的注册和变更申请权限下放到地市公司，要求发电企业签署购售电合同后的 15 天内完成注册流程；电力用户在列入湖北省能源局下发的准入目录文件并公示后开始受理。为此，国网黄冈供电公司为每个县市公司申请了权限，要求各单位对电力用户的注册信息、变更信息及附件上传进行审核审批。对于注册不及时、信息不准确不完整的情况进行通报考核；对于市场主体提出的密码查询请求，在 2 个工作日内予以回复；对于注册变更申请，在 2 个工作日内予以审核审批。

引导市场主体理性交易。加强对市场主体历史电量的分析工作，对符合交易条件的用户实行峰谷平条件下历史均价与不实行峰谷平条件下交易电价的对比分析。对历史均价明显低于交易电价的谷段电量比重较大的用户进行预警提示，以避免用电成本不降反升等不利情形的发生及违约风险的发生。

引导市场主体掌握政策动态。跟踪政策动向，及时学习理解政策内容，及时回复市场主体关于电力交易政策的咨询。组织黄冈市 100 多个电力用户参加电力交易政策和电力交易平台应用的培训活动，提升市场主体理解政策的能力和掌握交易流程的能力。

引导市场主体签订合同。组织各县市公司的交易专责对电力用户拟定的电子档购售电合同中的申报电量、成交电价、偏差考核标准、客户编号、电压等级、计量点 ID 等关键信息进行审核和完善，以避免纠纷事件的产生，保障交易的依法依规进行。同时创新合同签订模式，将原来签订的三方购售电合同优化为市场化三方交易确认单的形式，提高了合同签订的效率。

引导市场主体参与交流互动。配合省能源局和省公司交易中心到武穴中燃售电公司、中电大别山售电公司、大别山电厂等市场主体进行现场调研，了解市场主体市场化交易的实质性运作情况、存在的问题和工作建议。积极推荐祥云化工、华新水泥（武穴）等大用户参与年度市场化交易座谈会，为省能源局和省交易中心制定政策和优化流程提供了有力保障，也为市场主体反映诉求提供了有效渠道。

引导市场主体参与结算工作。引导售电公司及时提交履约保函、结算信息以及核对结算情况、开具发票等；引导电力用户开展交易结算数据的核对工作，督促电力用户按合同约定分次结算电费和月末一次性结清电费，保障合同相关方的合法权益，确保降低用电成本的措施落实到位。

（三）经验启示

1. 整体成效

国网黄冈供电公司积极推动电力体制改革，主动服务市场主体，助力黄冈电力用户降本增效，使参与交易规模跻身全省前列。具体取得以下成效：

用户入市规模大幅增长。2019 年，黄冈市共有 277 个电力用户获得了入市资格（其中第一批 258 户，第二批 19 户），入市用户数较上年 88 户增长 215％，入市户数从去年的第七跃升至全省第二。

交易成功户数大幅增长。2019 年，黄冈电力用户参与了第一批和第二批年度以及 11 月月度交易，共交易成功 232 户次，交易电量 40.14 亿千瓦时，较去年全年增加 154 户次，增加交易电量 17.23 亿千瓦时，交易电量较去年（22.91 亿千瓦时）大幅增长 75.2％。

黄冈所辖售电公司代理用户数大幅增长。2019 年第一批年度电力市场化交易中，中电大别山售电公司代理用户数达 39 家，代理用户数较去年 4 户增加 875％，代理用户成交电量较去年（0.3 亿千瓦时）增长 1017％，增幅明显。

电厂参与交易电量稳步增长。在 2019 年第一批年度电力市场化交易中，黄冈市境内电厂交易电量达 36.4 亿千瓦时，较去年同期增长 6％。

注册服务时效性增强。省公司下放市场主体用电单元等信息变更审批后，审批时限由原来的 3 个工作日压缩为 1 个工作日以内，市场主体注册的时效性大大增强。

电力用户获得感明显增加。根据目前电厂和电网让利幅度，预计 2019 年黄冈电力用户降低用电成本 7300 万元，降本效果进一步显现。

2. 不足之处

电力交易技术与信息化水平不足。随着信息技术的快速发展，电力交易市场对技术和信息化的要求越来越高。然而，部分电力企业在技术和信息化方面投入不足，导致电力交易服务在数据采集、处理、分析等方面存在不足。这限制了电力交易服务的智能化和高效化发展。

服务意识和服务方式滞后。电力企业在提供交易服务时，服务意识和服务方式相对滞后。部分电力企业缺乏正确的营销服务意识，对用户的服务需求响应不及时、不周到。同时，电力企业的营销监测服务方式也相对落后，缺乏规范的负荷监控系统，无法实现对电力负荷的准确预测和高效调度。

3. 巩固提升

加强监管和风险防范：在电力市场化交易过程中，需要加强监管和风险防范措施。这包括加强市场诚信度体系建设和监管力度，防范任何市场操纵行为；建立长期容量机制，提高供应的安全性和系统灵活性；以及制定危机应对预案，确保在电力危机状态下能够迅速采取紧急措施。

持续优化电力市场结构和体系：电力市场结构和体系的持续优化是提升服务质量的关键。这包括推动电力交易中心的建设和运营，完善市场运营评价指标体系；推动中长期、现货和辅助服务市场一体化设计、协同运营；以及支持新能源和新业态的快速发展，为市场注入新的活力和动力。

推动电力市场与其他市场的协同发展：电力市场与碳排放权交易、用能权交易、绿证交易等市场之间存在紧密的联系。通过推动这些市场的协同发展，可以形成更加完善的绿色低碳发展机制。例如，可以建立虚拟电厂等新型市场主体，通过市场化手段促进能源的高效利用和低碳发展。

电力市场交易管理实践二：大用户直购电对湖北电网企业市场影响的研究

（一）项目背景

1. 电力市场化改革的必然要求

政策导向。电力体制改革已经进入深水区，特别是中共中央和国务院印发了《进一步深化电力体制改革的若干意见》明确了"管住中间、放开两头"的改革思路，国家发展改革委和国家能源局联合印发了电力体制改革配套文件，分别从输配电价、电力市场、电力交易机构建立、放开发用电计划、售电侧改革、燃煤自备电厂规范管理等方面对电力体制改革要求进行了明确，标志着电力体制改革进入了实质性操作阶段。大用户直购电作为电力市场化改革的重要步骤之一，通过允许大用户直接与发电企业协商购电量和购电价格，增加了用户的选择权，促进了电力市场的竞争。

市场需求。大用户通常具有较大的用电量和特殊的用电需求。通过直购电方式，大用户可以直接与发电企业协商购电量和购电价格，满足其特殊的用电需求。这有助于保障大用户的用电稳定性和可靠性，提高其生产效率和经济效益。大用户直购电对于电价机制改革也具有推动作用。传统的电价机制往往缺乏市场竞争，导致价格波动较大，难以满足大用户的需求。而大用户直购电通过引入市场竞争机制，使得电价更加合理和透明，有助于形成更为科学的电价体系。

2. 节能减排资源配置的要求

在新型的电力市场背景下，直购电通常采用容量大、消耗低的设备，这不仅可以节能减排，还能提高电力资源的利用效率。大用户直购电能够优化电力资源的配置，进而提高经济效益。对于发电企业来说，直接向大用户提供电能可以解决一定的供需矛盾，提高电量与电价的动态平衡，从而加强生产管理，保证企业的经济效益。同时，通过协商确定电力价格的方式，发电企业可以更加灵活地应对市场变化，缓解与一系列相关企业的矛盾。

3. 湖北电力市场化交易原则

湖北在直购电交易中遵循市场化、公平、公正、公开、政府引导与监管、合同约束、保障电网安全稳定运行以及环保与可持续发展等原则，这些原则共同构成了湖北直购电交易的基本框架和保障体系，为电力市场的健康发展提供了有力支持。结合市场化交易政策、形势的变化，湖北省能源局每年对市场化交易实施方案进行修改，逐步制定和实施可行性方案，不断完善和有序放开交易品种、交易方式、价格机制、电量调整机制、零售用户偏差考核以及交易组织时间。

(二) 大用户直购电现状及问题

1. 现状

大用户直购电在我国尚未形成相对成熟的市场，房地产、制造业等部分行业产能过剩、需求减弱等情况导致大用户直购电的采购需求不高，市场规模有限，市场化程度有待提高。同时电价主要由政府价格主管部门制定，价格不能随市场及时充分反映。

2. 存在的问题

开展大用户直接交易电价会波动，从而使大用户直接面临市场风险。大用户与发电企业进行直接交易是建立在双方可预知信用基础之上的，并通过合同约束，对双方行为给予规范。我国目前市场环境和社会信用体系不完善，配套的政策规则不齐全，市场风险分担机制和防范机制不健全，增大了电网公司因欠费导致的经营风险。在采取的是顺价模式情况下，大型商业用户可以参加直接交易，但如果采取的是输配电价模式，即采取输配电价模式由交易价格＋政府基金＋输配电价构成，结果会导致价格倒挂，商业用户就没有参与市场化交易的意愿。

（三）主要做法

在当前电力市场尚不完善的前提下，按照遵循市场化、公平、公正、公开、政府引导与监管、合同约束、保障电网安全稳定运行以及环保与可持续发展等原则，从协调和平衡市场各方及全社会利益的角度出发，提出了实施方案。该方案旨在通过发电、电网共同让利于大用户，缓解供需矛盾，共同扶持电力市场。

1. 建立配套的大用户直购电政策

湖北省发展改革委发布《湖北电网 2020—2022 年输配电价和销售电价有关事项的通知》，文件中详细列出了输配电价执行标准、销售电价调整方案、峰谷分时电价政策以及执行时间等关键信息，并要求各级相关部门和企业严格遵照相关政策措施执行。

华中能监局、湖北省能源局联合发布《关于征求〈湖北省电力中长期交易实施规则（暂行）〉（征求意见稿）意见的函》，文件主要包含了《湖北省电力中长期交易实施规则（暂行）》（征求意见稿）的全文，以及征求意见的相关说明和要求。征求意见稿共 12 章 148 条，内容涵盖了市场准入、中长期交易品种、交易价格、交易周期、组织流程、安全校核等多个方面。其中，市场准入部分明确了参与电力中长期交易的发电企业、电力用户、售电企业等市场主体的资格条件；中长期交易品种部分规定了年度交易、月度交易、月内交易、合同转让交易等多种交易方式；交易价格部分则建立了"基准电价＋浮动电价"的价格形成机制，允许电价随上下游产品价格联动。

国家能源局华中监管局、湖北省发展和改革委员会、湖北省能源局等部门联合制定《湖北省电力中长期交易实施规则（暂行）》文件中，对规则制定目的、适用范围、市场成员、交易方式、市场主体的权利和义务、市场准入条件、监管职责等进行了详细说明。该文件旨在规范湖北省电力中长期交易行为，保障市场主体的合法权益，促进电力市场的平稳健康发展。

2. 完善市场准入和退出机制

明确大用户直购电的准入条件，包括用电量门槛、环保标准、技术条件等，以确保参与交易的企业符合国家政策和产业导向。同时，建立合理的退出机制，对于不符合条件或违规操作的企业，及时取消其直购电资格，以维护市场秩序。

3. 优化交易机制和规则

有计划、有步骤、分阶段稳步推进大用户市场化交易，鼓励大用户与发电企业直接签订双边购售电合同，进行电力购销交易。同时，可以探索建立电力交易平台，为交易双方提供便捷的交易服务。建立合理的电价机制，允许交易双方根据市场供求关系自主协商电价，并实行输配电价改革。将输配电价从目录电价中剥离出来，电价构成由"目录电价＋政府附加"调整为"上网电价＋输配电价＋上网环节线损费用＋系统运行费用＋政府基金"，以促进发电企业和电网企业降本增效，进一步推动电力交易市场化改革政策的落地实施。

4.加强监管和评估

湖北省发改委和能源局是湖北电力交易市场化改革的牵头部门，电力交易中心是电力市场化交易的相对独立运作单位。电力交易中心定期向政府部门报告市场运行情况，及时报告评估大用户交易中存在的问题。同时，定期对大用户直购电政策的实施效果进行评估，及时发现问题和不足，并提出改进措施和建议。

5.提升服务能力

提升结算水平，将月度结算、年度清算过渡到月结月清，逐步开展带曲线交易、辅助服务市场及现货市场的试结算工作。目标是实现日算日清、实算日结、不间断结算，并协同调度、财务、营销等部门力量，加强交易平台的功能建设，以实现精准交易、精准清算、精准结算。

6.借鉴国外经验

随着经济的高速发展，某些配套方法可能会存在缺位和滞后的情况。因此，积极借鉴国际电力市场建设的有益经验，并与湖北经济发展的实践紧密结合。学习其他国家在大用户直购电方面的成功做法和经验教训，以期为湖北省的电力市场化改革提供有益的参考和借鉴。

（四）经验启示

1.交易成效

2019年，湖北省2699户电力用户、47家电厂、39家售电公司参与电力市场化交易，电量达到704亿千瓦时，较2018年增加80.17亿千瓦时，平均降价幅度达11.66元/兆瓦时，大幅降低了电力用户的用电成本，对湖北电网购电经营效益产生了影响。

2.重要启示

对市场化交易电力用户也应实行分时计费，一则可避免一些企业毫无顾忌在任何时段特别是高峰时段用电，对电网安全和负荷平衡造成负面影响；二则有利于电网企业经营效益的发展。这个启示在2019年省公司典型经验发布会上得到了阐述，并被电力交易中心和省能源局采纳。之后，湖北省能源局下文进行了调整，要求售电公司与用户结算收益时，不仅要考虑电厂让利的固定价差，还要综合考量分时因素。